飞向太空丛书

欲与天公试比高

——世界各国航天计划与太空试验

本丛书编委会◎编

武元 肖志军◎编著

航天英雄杨利伟作序推荐

◆图文并茂◆热门主题◆

一直以来，人类就梦想着更加自由地飞翔，也渴望着更加近□□□□□□□□□□神舟"系列飞船的陆续升空，以及新一轮登月竞赛在各国间的展开，□□□□□□□□□□□□以及更加浩瀚的宇宙，那些关于飞翔的梦想也更深入地植根于青少年朋友的脑海里心灵中。

世界图书出版公司

广州·上海·西安·北京

图书在版编目（CIP）数据

欲与天公试比高：世界各国航天计划与太空试验/《飞
向太空丛书》编委会编 .—广州：广东世界图书出版公司，
2009.4（2021.11 重印）
（飞向太空丛书）
ISBN 978 – 7 – 5100 – 0580 – 0

Ⅰ．欲… Ⅱ．飞… Ⅲ．①航天计划—世界—青少年读物
②空间探索—世界—青少年读物 Ⅳ. V4 – 49 V11 – 49

中国版本图书馆 CIP 数据核字（2009）第 056435 号

书　　名	欲与天公试比高：世界各国航天计划与太空试验
	YU YU TIAN GONG SHI BI GAO SHI JIE GE GUO HANG TIAN JI HUA YU TAI KONG SHI YAN
编　　者	《飞向太空丛书》编委会
责任编辑	刘国栋
装帧设计	三棵树设计工作组
责任技编	刘上锦　余坤泽
出版发行	世界图书出版有限公司　世界图书出版广东有限公司
地　　址	广州市海珠区新港西路大江冲 25 号
邮　　编	510300
电　　话	020-84451969　84453623
网　　址	http://www.gdst.com.cn
邮　　箱	wpc_gdst@163.com
经　　销	新华书店
印　　刷	三河市人民印务有限公司
开　　本	787mm×1092mm　1/16
印　　张	13
字　　数	160 千字
版　　次	2009 年 4 月第 1 版　2021 年 11 月第 6 次印刷
国际书号	ISBN　978-7-5100-0580-0
定　　价	38.80 元

"光辉书房新知文库"

总策划/总主编:石　恢

副总主编:王利群　方　圆

本书作者

武　元　航天医学工程研究所科技工作者

　　　　"神七"发射工作参与者

肖志军　中国航天员科研训练中心科技信息研究室副主任

　　　　《航天员》杂志副主编

插上科学的翅膀,明天太空见

南和伟

　　一直以来,人类就梦想着更加自由地飞翔,也渴望着更加近距离地去探索太空的秘密。随着我国"神舟"系列飞船的陆续升空,以及新一轮登月竞赛在各国间的迅速展开,全球的目光再一次被吸引到辽阔的天空以及更加浩瀚的星际空间。那些关于飞翔的梦想也更深入地植根于青少年朋友的心灵之中。

　　航空航天集中体现了一个国家的科学技术、工业、经济、国防等综合实力的水平,航空航天文化渗透于经济、文化、教育旅游、娱乐和体育等各个领域。而航空航天科普更是科普教育的一个重要组成部分,广大公众特别是青少年朋友对航空航天科技知识的了解,将直接影响到航空航天事业未来的发展。早在1998年召开的全国首届航空航天科普教育研讨会上,就有学者指出:"要发展我们的航空航天事业,也需要从娃娃抓起。"对广大青少年进行航空航天科普教育,是我国经济发展和现代国防建设的客观需要。

　　当站立在月球之上的美国宇航员阿姆斯特朗说:"我现在迈出的是一小步,但在人类历史上却是一大步!"时,我们都知道,即使那"一小步"中,也包含了无数的知识积累、无数的理论探索、无数的发明创造、无数的试验模拟,以及无数的失败。那之中凝结了多少代人的梦想与激动，也就凝结了多少代人的智慧与汗水。在我们的国家航天员训练中心，训练时航天员因为要承受非常大的加速度，面部都会变形，眼泪也会止不住地流下来，鼻子堵塞，十分痛苦。航天员若实在承受不了，只要按一下手边的报警器，工作人员就会把训练器械停下来，但多年来，从没有一个人按过那个报警器。这不过是航天员系统中航天员训练的一个小小细节。而整个载人航天工程是规模宏大的现代化系统工程，除了航天员系统外，还包括空间运用、载人飞船、运载火箭、发射场、测控通信、着陆场等6大系统，涉及航空、船舶、兵器、机械、电子等诸多领域，参与的人员更是数以万计。从1999年到2009年，每一年都是科学攻关年；从"神一"到"神七"，每一次发射都是新的突破。正是这么多人这么多年的精诚合作，才保证载人航天工程的顺利进行。正如俄罗斯科学家齐奥尔科夫斯基所说，"地球是人类的摇篮，但是人类不会永远生活在摇篮里。"这句话不仅鼓舞了一代又一代的航天工作者，还将激励着今天和以后的年轻朋友们。采取多种形式开展航空航天科普活动，寓教育于娱乐之中，不仅仅给予青少年朋友航空航天科普知识教育，而且还能发挥理想教育、爱国主义教育、智力启发教育和手脑并用教育的作用。今天，年轻朋友们除了怀有比先辈更多的好奇与梦想之外，还应该插上科学的翅膀，拥有更为广阔的视野和更为扎实的知识储备。如果你们在探索精神和勇敢精神方面同样不输于先辈，那么我真诚地欢迎你们，欢迎你们加入英雄的航天人团队，让我们相约——明天太空见！

目 录

探寻更为广阔的竞技场

人类航天之父齐奥尔科夫斯基曾说:"人类不会永远留在地球这个摇篮里。"从人类首次遨游太空到今天已经过去48年了,距离航天飞机首次试飞也已有28年的时间。这期间,世界主要航天国家一再向太空迈出坚定的探索步伐,不断眺望深邃浩瀚的宇宙,这些探索活动为人类展开了一幅幅色彩斑斓的画卷。

齐奥尔科夫斯基

嫦娥一号传回的月球三维影像

2007年10月24日,中国首颗绕月探测卫星——"嫦娥一号"发射升空,之后顺利进入绕月轨道并传回月球三维影像,标志着中国首次月球探测工程取得圆满成功。日本"月亮女神"探月卫星于2007年10月进入绕月轨道后,先后释放出两颗子卫星,它们可分别探索月球的电离层和重力场分布,而母卫星将用其携带的多

世界各国航天计划与太空实验

美国"凤凰号"探测器火星着陆效果图

中国航天员翟志刚完成首次出舱活动

种仪器，分析月球地形、月面下构造和月岩种类。2008 年 7 月 30 日，美国"凤凰号"探测器在加热火星冻土标本时发现了水蒸气，从而确认火星上有水存在。此外，它还发现火星土壤呈弱碱性，含有高氯酸盐和碳酸钙。这些成果为研究火星生命线索提供了丰富物证。2008 年 9 月 27 日，中国航天员翟志刚在"神舟七号"飞船上成功完成首次空间出舱活动。飞船为期 3 天的飞行试验任务圆满成功，标志着中国载人航天工程实现重大跨越，为今后建造空间站、开发太空资源奠定了基础。此外，美国发射了分辨率达 0.41 米的遥感卫星；中国首颗第二代极轨气象卫星和首颗数据中继卫星入轨；欧航

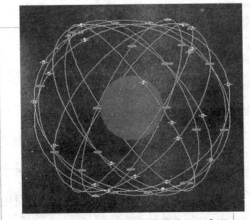

俄罗斯"格洛纳斯"全球卫星导航系统示意图

— 2 —

局发射第二颗导航试验卫星；俄罗斯"格洛纳斯"全球卫星导航系统又添数颗"新星"；印度首次实现一箭十星；德国、英国、以色列分别发射军用或军民两用卫星。伴随航天科学技术发展的是，世界各大国一直把航天技术及其产业当作战略制高点进行激烈争夺。

由于航天对政治、军事、外交、经济和科技等诸多领域的影响力不断提升和加强，航天事业的进步与否也成为衡量一个国家综合国力的重要标准。进入21世纪以来，世界各主要航天大国和一些正在崛起的发展中国家都将发展航天技术视为提升综合国力和国际地位的战略性举措。

近年来，各国的航天投入继续呈现不同程度的增长，以2003年为例，美国军用航天经费327.8亿美元，民用航天经费153亿美元，两项合计占本国GDP的0.31%。法国与日本的这三项数字分别为28.73、14、0.112%和22.57、22.6、0.057%。俄罗斯2003年航天经费投入占到本国GDP的0.142%。印度也后来居上，2003年航天经费投入占本国GDP的比例大于0.1%。2006年，美、欧、日、俄和印度等主要航天国家继续在军用和民用两大领域增加航天预算，其总投入估计已突破500亿美元。

依靠雄厚的经费支持，各国航天发射活动频繁进行，航天产业得到的政府大订单和合同越来越多，军、民、商三大领域航天活动的规模在扩大，预示着新一轮国际太空竞争格局正在形成。不过新一轮的太空竞争已不同于冷战时期的太空争霸，它体现出

多极化的趋势，是多极世界形成过程中多个大国间的太空竞争：美国要力保自己的领导地位；欧洲在努力整合自己全欧资源，力求以多国联合的力量来摆脱对美国的依赖；俄罗斯希望重振昔日航天雄风；中国的航天事业突飞猛进，引起世界瞩目；日本、印度在亚洲竞争地区级航天大国地位的同时，力图跻身世界航天大国行列。

此外，一批正在崛起的发展中国家和地区，如亚洲的韩国、巴基斯坦、泰国、伊朗和中国台湾地区，澳大利亚，南美的巴西、阿根廷和委内瑞拉，非洲和中东地区的南非、尼日利亚和以色列，独联体国家的乌克兰、白俄罗斯和哈萨克斯坦等，也都加大航天投入，培养人才，积聚力量，试图通过与欧洲航天局和美、俄、中等航天大国不同形势的合作，发展自己的航天技术及其产业，增强其军事、科技与经济实力，提升国际地位和在本地区的影响力。

航天技术也不再是美、俄等大国的专利。2006年朝鲜进行的导弹发射和核试验震动全球。随后又有一些新兴工业国家和发展中国家，或在航天技术领域取得了重要进展，或正在积极制订计划，寻求合作开发航天技术，或选派宇航员遨游太空。据不完全统计，目前全世界至少有40个国家和地区投资开发航天技术，其中有些国家和地区正在独立发展军民两用的侦察、通信卫星系统。

航天事业成为国家实力证明的一个重要体现，越来越多的国

家加大了对航天的关注和投入。这个想要保住统治地位，那个想要恢复自己的优势，同时新来者也要挤进来占一席之地，世界各国太空竞争势必会越来越激烈。美国重返月球所需研制的新型飞船及其运载工具拒绝非美国公司参加；欧盟对伽利略导航卫星计划的国际合作政策也发生了大转变，从原先面向全球寻求全面合作转向以拓展市场为目标的有限合作，不允许包括美国在内的非

美国电影《星球大战前传3：西斯的反击》海报

欧盟国家参与伽利略卫星系统的研发与部署，尤其是关键技术的研发，以及参与特许经营权的投标及其未来管理方面。在国际荣誉和国家利益的旗帜下，合作变得困难；对技术转移的关切也是合作的一大障碍。在未来的太空中，也许会上演一幕没有硝烟的"星球大战"。

世界各国航天计划与太空实验

美国，航天第一大国

　　无论从哪方面衡量，美国都是当之无愧的航天第一大国。美国每年用于航天的预算有 300 多亿美元，远远超过世界上其他国家。其研究所覆盖的领域也最为全面，涉及载人航天飞行、无人航天器的深空探索、各种应用卫星和运载火箭、地球科学研究、天文学研究等各个方面。

　　美国的载人航天是在与前苏联进行"太空竞赛"的过程中开展起来的。冷战结束后，美国载人航天失去对手，陷入十余年的迷茫期。直到进入 21 世纪，各国航天技术蓬勃发展，感受到竞争压力的美国，才又重新明确发展目标。近年来，美国航天业可以说基本走出了调整期，准备按照一个新的发展战略前进。

美国的航天战略

　　21 世纪，信息化战争的发展使太空成为航天国家竞相开发的战略要地。美国为称霸太空、实施全球攻击的战略目标，适时调

整了航天发展战略。

美国航天发展战略包括：航天法规、国家航天政策、国防部航天政策、空军航天政策、国家航天发展规划、国防部战略计划和美国国家航空航天局（NASA）战略计划。

航天法规是美国开展航天活动的法律依据。为加速并规范航天工业的产业化和商业化，2003 年美国国会批准了《国家航天委员会法》《零重力零税收法》《航天现代投资法》《NASA 灵活性法案》《遥感应用法》《商业航天法》《商业航天发射法》《太空探索法》《太空保护法》《载人航天飞行独立调查委员会法》等多部航天法规。

美国总统官邸白宫

美国航天政策的总目标是："通过支持一个强大、稳定和平衡的国家航天计划，继续保持美国在世界航天领域的领导作用，以实现美国在国家安全、对外政策、经济增长、

世界各国航天计划与太空实验

环境治理和科技进步等方面的发展目标。"在商业航天政策方面，布什总统 2003 年 5 月签发了美国商业航天遥感政策，其目标是："维护美国在世界遥感领域的领导地位，保持并增强美国商业遥感业的领先优势，以维护美国的国家安全利益和外交利益，促进经济增长和环境治理，保持科学技术领域的先进性。"

美国军事航天活动由国防部统管。1999 年 7 月，国防部公布了冷战后的国防部航天政策。该政策提出太空是一种媒介。国防部航天活动的优先任务是要确保美国在空间的行动自由和国家安

美国国防部五角大楼

全利益。航天活动的目标是确保美国的自卫权利和对盟国的防卫义务；确保完成飞行任务和出入太空的能力；确保威慑、预警和反击的能力；确保任何敌对力量无法阻止美国利用外层空间的能力。为此，国防部航天规划的重点是保证美国在空间支援、空间

力量增强、空间对抗和空间力量运用等方面必要的能力。作为国防部的航天执行机构，美国空军 2003 年 4 月也制订了空军航天政策。2004 财政年度，空军航天司令部的《战略总体规划》明确提出了未来 15 年美国军事航天计划的目标：在空间支援方面，具备快速反应的空间运输、卫星紧急启动和快速周转的能力。在空间力量增强方面，要拥有天基的地面活动目标指示能力和目标探测、定位、识别与跟踪能力。在空间对抗方面，部署新的天基空间监视系统、攻击探测与预报系统以及提高航天器的自卫生存能力。在空间力量运用方面，拥有从空间实施常规、非核、全球快速打击与交战的能力。

美国航天计划包括民用航天计划、军用航天计划、情报航天计划和商业航天计划。军事航天计划和情报航天计划由国防部制订，主要由空军负责实施；民用航天计划由 NASA 负责制订并实施；对于商业航天计划，政府只制定政策，具体实施由企业自行完成。

NASA总部机房的超级计算机

2003 财政年度，NASA 战略计划提出了三项战略远景目标：改善人类的生活质量；延长宇航员在太空的生存时间；探索其他星系的生命；三项使命任务：认识和保护地球；探索宇宙，寻找生命；激励和鼓舞下一代航天人；六个战略领域：空间科学、地球科学、航空航天技术、空间飞行、生物学研究和教育。

2004 年 1 月，布什政府宣布了雄心勃勃的空间探索计划。新计划的目标是：2010 年前完成国际空间站计划；2008 年前研制并试飞新型"乘员探索飞行器（CEV）"；2008 年前向月球发射无人探测器，2015～2020 年实施载人登月，并为载人火星探索做准备。

水星计划

水星计划（Project Mercury）是美国国家航空航天局于 1959 年至 1963 年进行的载人航天飞行计划。其目标是将载人飞船送到地球轨道上，探索人类在太空中的生理活动能力并将宇航员和飞船安全地送回地面。值得一提的是，这一计划的实施，是在美苏冷战争霸的大背景下进行的。与此相呼应的是，美国和前苏联在航天领域里的竞争也已经趋于白热化。

1959 年 4 月 9 日，美国国家航空航天局在华盛顿举行记者招待会，向公众介绍水星计划的 7 名宇航员，他们分别是海军中尉斯科特·S·卡彭特、空军上尉戈尔登·G·库珀、海军陆战队中校约翰·H·格伦、空军上尉维吉尔·I·格里森、海军少校瓦尔

特·M·施艾拉、海军少校艾伦·谢泼德、空军上尉迪克·K·斯雷顿。根据计划，艾伦·谢泼德被安排执行初次飞行任务，他将是第一个进入太空的美国人。然后是格里森，再接着是格伦。

与此同时，被用来执行载人航天计划的水星飞船也被设计制造出来并成功通过测试。

水星飞船的外形呈圆锥状，长2米，锥底直径1.9米，锥顶装有小圆柱体。依靠

水星计划7人合影（从左至右：施艾拉、谢泼德、斯雷顿、格里森、格伦、库珀、卡彭特）

"红石"和"大力神"火箭推进。两种火箭均由弹道导弹改装而来，改装后携带的是飞船的有效载荷而非弹头。根据任务的不同，安装在助推火箭顶端的飞船重量可在1043千克到1360千克之间。

飞船的上部有一个紧急逃生塔，它可以将太空舱从助推火箭上分离并将其推升到一定的高度。在该高度下，降落伞能够打开并将太空舱和宇航员安全送回离发射架不远的地面上。

世界各国航天计划与太空实验

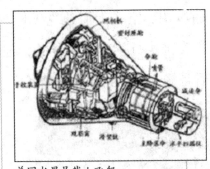

美国水星号载人飞船

飞船的底部有一块隔热罩和一台减速发动机，隔热罩可以保护太空舱重返大气层时不被烧坏，减速发动机则是一些小型的火箭助推器，它们的作用是在飞船重返大气层时使其减速。

与任何飞船一样，水星飞船具备以下六大系统：

生命维持系统——三只球形氧气瓶为舱内提供纯氧。氢氧化锂滤气罐清除呼出的二氧化碳。鼓风机被用来循环舱内空气并为宇航员降温。绝热材料和双层舱壳有助于保持舱内温度在可承受范围。饮用水由舱内提供。尿液收集系统被集成到太空舱上。宇航员穿戴着增压服和头盔来隔绝热量并免受舱内低压的影响。

能源系统——电源由 1500 瓦和 3000 瓦电池的不同组合来提供。水被用来冷却这些不同的电力系统。

无线电/跟踪通信系统——高频（HF）和超高频（UHF）的发射机和接收器用于与地面之间双向传送声音、遥控数据以及导航数据。天线和回收信标位于飞船的顶部。一台电视摄像机被安放在舱内以监测宇航员。

操纵系统——在各个方向（X、Y 和 Z 轴）上的俯仰、翻滚和偏航操作是通过反作用控制推进器来完成的，这些推进器使用

高压过氧化氢作为燃料。反作用控制推进器可以自动控制也可以手动控制。三台固体火箭发动机（加速发动机）用来使飞船与助推器分离，另外三台固体火箭发动机（减速发动机）用来在飞船返回地球大气层时使其减速。

重返大气层系统——飞船装备了烧蚀隔热罩以防止其在重返大气层时，在约 1093 摄氏度的高温下被烧坏。隔热罩为铝制蜂窝状结构，中间包含多层玻璃纤维材料。随着飞船的下降，隔热罩的材料汽化并带走热量。双层舱壳和隔热材料保持舱内温度在可承受的范围内（但仍然很热）。

着陆系统——重返大气层后，一个漏斗形的小减速伞在 6405 米高度处被打开，开始对飞船进行减速以备着陆。主降落伞在 3050 米高度处被打开，继续对飞船减速从而为水上着陆做准备。就在撞击水面之前，着陆气囊从隔热罩后面急速膨胀以减少撞击力。着陆之后，其他的气囊立即在飞船顶端周围膨胀，使太空舱在水中保持直立，同时降落伞也被释放。一旦救援直升机钩住飞船，宇航员就打开安全舱口离开太空舱，也可以在仪器面板后面爬行然后通过锥顶离开太空舱。

到了 1961 年，一切都已准备就绪了。但美国国家航空航天局的官员们，尤其是首席火箭科学家沃纳·冯·布劳恩，坚持要求火箭/飞船搭载黑猩猩进行太空试验。经过两次这样的试验飞行之后，载人飞行才被确认可以开始。然而正当这些试验还在进行的时候，前苏联将他们的宇航员尤里·加加林送上了地球轨

美国，航天第二大国

世界各国航天计划与太空实验

1961年的尤里·加加林

道。1961 年 4 月，俄罗斯人加加林成为世界上第一位到达太空的人。随后，美国国家航空航天局遭到了来自媒体和公众的批评，他们认为美国本来可以先于前苏联将一名宇航员送上太空。前苏联的成功将美国远远甩在了太空竞赛的后面。因而，美国国家航空航天局要依靠艾伦·谢泼德来扳回美国在竞争中的劣势。

1961 年 5 月 5 日，艾伦·谢泼德登上了水星飞船——"自由 7 号"。他的任务是进入太空，做一次长约 15 分钟的亚轨道飞行后安全返回地面。倒计数过程耽搁了很多次，导致谢泼德在发射架上停留了好几个小时。最终，在上午 9 点 43 分，艾伦·谢泼德被送上太空。

美国宇航员谢泼德

谢泼德到达了离地面 187 千米的高度，并着陆在离卡纳维拉尔角 488 千米的地方，他在那儿被"张伯伦湖号"航空母舰救起。这次飞行的最高速度达到了 8260 千米/小时，重返大气层时经受了高达 11 倍的重力加速度，

并且飞行持续了15分钟28秒。与加加林不同的是，谢泼德能够在飞行中手动操纵飞船。

继谢泼德开创性的飞行之后，维吉尔·Ⅰ·格里森又进行了一次亚轨道飞行。此后，格伦、卡彭特、施艾拉和库珀分别各进行了一次亚轨道飞行。水星计划的宇航员和他们的飞行向世人宣告美国可以将人类送上轨道，而且能够在太空中存活并成功返回。水星计划为美国在太空竞赛中确定了立足点，并为以后的"双子座"计划和"阿波罗"计划铺平了道路。

附："水星计划"宇航员选拔内幕

其实，在水星计划的早期，人们尚不清楚什么类型的人能够胜任宇航员的位置，曾考虑过的几种类型包括特技替身演员、马戏团演员、游泳运动员和赛车手。1958年，艾森豪威尔总统做出决定，认为宇航员应该是军事飞行员，特别是试飞员。此外，他们应该接受过大学教育、已建立了家庭、中等身高和体格、健康状况极好并且热衷于驾驶先进的飞行器。

于是，美国国家航空航天局的官员们开始筛选军事飞行员的服役记录。他们把范围从508人缩小到110人，这些飞行员分别来自海军陆战队、海军和空军（陆军飞行员没被邀请是因为他们当中没有人从试飞员学校毕业）。110名飞行员当中有69人于1959年2月到华盛顿报到，参加筛选测试，

世界各国航天计划与太空实验

其中包括面试（技术和心理两方面）、书面测验和体格检查。最终，在这 69 名飞行员当中，有 32 人被选中并同意接受在俄亥俄州和新墨西哥州进行的进一步测试。这些测试包括全面的医学和心理评估以及强重力加速度、振动和隔离等环境下的耐受测试。

大多数水星计划的宇航员是第二次世界大战和/或朝鲜战争的老兵。他们有丰富的飞行经验并且健康状况极好。被选中以后，这些宇航员又经过了几年的培训，包括在水星飞船系统中的训练以及飞行训练、连续的医疗评估和各种环境（沙漠、丛林和海洋等）下的生存训练。他们刻苦地练习并忍受了和家人长时间分离的痛苦，每个人都想在竞争中努力成为第一个进入太空的美国人。

于是，宇航员们在媒体和公众的瞩目下成了名人。他们公开露面为美国国家航空航天局宣传首个太空项目，并利用公众的关注度来提升自己在项目中的影响力。

除了进行训练和拓展公共关系外，他们还经常咨询水星飞船建造的进展。宇航员们不顾设计飞船工程师们的反对，坚持要求为飞船配备一扇窗户、重返大气层推进器的手动控制装置和配有爆炸螺旋的逃生舱——他们希望能够主动驾驶飞船并且在需要的情况下逃生。他们是飞行员，仅仅乘坐一艘完全自动化飞船的想法与他们的天性相违。

双子星座计划

作为从"水星计划"到"阿波罗"计划之间的过渡，美国于1961年11月至1966年11月实施了"双子星座"计划。其主要任务是研究、发展载人登月的技术和训练航天员长时间飞行及舱外活动的能力。

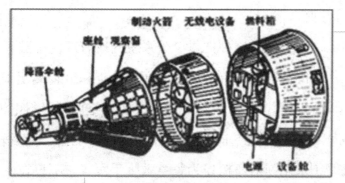

"双子星座号"飞船

1958年，美国宇航局总部和太空任务小组开始考虑水星载人航天计划之后美国的载人航天计划的目标和任务。当1961年美国制定了"阿波罗"登月计划后，"双子星座"计划的任务更加明确起来，即为完成登月任务探索、试验新技术，最重要的有两方面：一是将载人飞行时间延长到2周，以充分研究人在太空生活和工作的适应性；二是完成两个航天器在轨机动、交会和对接。这两大任务在登月期间都会遇到。这样，"双子星座"计划就变成"阿波罗"计划的辅助项目。

世界各国航天计划与太空实验

"双子星座号"系列飞船是美国的第二代载人飞船，总共进行了 12 次飞行试验，其中 2 次无人飞行和 10 次载人飞行。飞船形状基本呈圆锥－钟形，全长 5.7 米，底部最大直径 3 米，重 3.0 ~ 3.9 吨。飞船

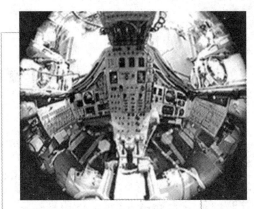

双子星座飞船舱内图

结构分为返回舱和设备舱，这种把每个分系统的所有部件都放置在一个紧凑的舱体内的分舱段布局原则，既便于检查和组装又便于出故障时更换；从第 5 艘到第 12 艘双子星座飞船都是用了燃料电池，这种电池结构较简单、紧凑，能耐冲击和振动，体积小、重量轻、比功率高；飞船还采用弹射座椅作为紧急救生手段，它不仅在发射阶段而且在着陆阶段可为航天员提供一种救生手段。

"双子星座号"飞船与"水星号"飞船相比，作了较大的改进，实现了载 2 名航天员飞行。飞船设计为手控操纵为主，成为至今为止美国载人空间飞行器中受控程度最高者。在双子星座飞行中，航天员真正成为飞船的驾驶与操纵人员，并且除人对空间环境的适应情况的实验外，还进行了一些技术试验，实现了一些新的空间技术方面的突破，主要包括航天员舱外活动技术和空间飞行器的交会/对接技术，以及使用计算机的自动飞行控制技术。

1965 年 3 月 23 日，"双子星座 3 号"飞船进行了第一次载人

太空飞行，航天员维吉尔·I·格里森和约翰·W·杨完成了这次飞行，飞行中航天员启动推进器改变自己的轨道形状，实施了倾角的微小改变。

1965年6月3日，"双子星座4号"飞船发射，进行"双子星座"计划的第二次载人飞行。这次飞行任务由宇航员詹姆士·A·麦克迪维特和爱德华·H·怀特承担，飞行时间提高到5天。在绕轨道第三圈时，怀特按预定计划在夏威夷上

1965年6月3日，爱德华·怀特在"双子星座4号"
飞船舱外进行了美国历史上首次太空行走

空打开舱门，进入了开放空间。他身上连了一根长索，利用一个手持的小型火箭来实现太空机动，最远时离飞船约3米，

除身体有些旋转外，一切均正常。他在舱外共活动了约21分钟。此次飞行，他们还进行了科学和技术实验，医学测试，利用弹力器来维持肌肉的弹性，拍摄了许多舱外活动和地球大气的照片。由于飞船上的计算机失灵，原定

双子星座飞船太空交会

飞行121圈的任务没有完成，只飞行62圈，于1965年6月7日返回地面。这次飞行有两项成果超过了前苏联：一是飞行时间近98小时，打破了前苏联的记录；二是首次进行太空机动行走。

1965年12月4日和12月15日"双子星座7号"和"双子星座6号"分别进入太空，实现了太空会合，在间距只有40米的情况下持续飞行了7个多小时，最近时只有0.3米。尔后"双子星座8号"和"双子星座9号"的飞行任务都是与阿金娜目标飞行器实现

美国宇航员格里森和约翰·杨

对接，但都未能实现。1966 年 7 月 18 日"双子星座 10 号"飞船载着约翰·杨和迈克尔·科林斯进入轨道，实现与"阿金娜 3 号"的对接任务，完成了登月计划的关键技术。接着"双子星座 11 号"和"双子星座 12 号"飞船又分别实现了两次对接任务。到 1966 年 11 月，"双子星座"飞船先后进行了 9 次载人飞行，圆满完成预定任务。

"双子星座"计划实现了飞船空间交会和对接，发展了新型燃料电池；宇航员在舱外开放空间活动长达 2 小时，最长飞行时间达 14 天，实现了飞船姿态控制、机动、变轨飞行和受控再入，积累了长时间飞行的经验，包括生理、医学、生活等。此外，"双子星座"计划还取得了大量对地观测、空间科学试验成果：宇航员共进行了 52 项实验，其中 27 项是新技术实验，8 项是医学实验，另外 17 项是科学实验。双子星座飞船还在不同的高度上拍摄了 1400 张地球彩色照片。所有这些为"阿波罗"计划提供了极其宝贵的经验和科学技术成果。

"双子星座"计划历时 5 年，共耗资 12.834 亿美元，其中飞船费用 7.974 亿美元，占总费用的 62%；运载火箭费用 4.098 亿美元，占总费用的 31.93%；支援设施为 0.762 亿美元（其中用于改造全球通讯设备为 5600 万美元），占总费用的 5.94%。

美国，航天第一大国

世界各国航天计划与太空实验

阿波罗计划

阿波罗计划（Project Apollo）是美国国家航空航天局从 1961 年到 1972 年实施的一系列载人航天飞行计划，总共耗资约 240 亿美元，主要致力于完成载人登月和安全返回的目标。1969 年"阿波罗 11 号"宇宙飞船达成了这个目标，尼尔·

阿波罗计划徽标

阿姆斯特朗成为第一个踏上月球表面的人。

该计划详细地揭示了月球表面特性、物质化学成分、光学特性并探测了月球重力、磁场、月震等。后来的天空实验室计划和美国、前苏联联合实施的阿波罗－联盟测试计划由于使用了原来为阿波罗建造的设备，也经常被认为是阿波罗计划的一部分。

登月计划的提出

阿波罗计划于上世纪 60 年代早期在艾森豪威尔执政时被提出，作为水星计划的后续计划。美国国家航空航天局负责人阿伯·西尔弗斯坦当时选择以希腊神话中的太阳神命名此计划。虽然航空航天局已经开始进行这项计划，但艾森豪威尔对航天计划似乎并

不热衷，阿波罗计划的经费始终没得到落实。

1960年11月，竞选时承诺要使美国在太空探索和导弹防御上全面超过前苏联的约翰·肯尼迪当选总统。肯尼迪虽然对太空计划较为热衷，但他在当选总统后并没有立刻决定开始登月计划。肯尼迪本人对航天事业并不十分了解，太空探索需要的大量资金也使他不敢轻易做出决定。当航空航天局局长詹姆斯·韦伯要求年度财政预算增加百分之三时，肯尼迪支持加快发展大规模推进器的研发，却没有支持其他更大的项目。

1961年4月12日，苏联宇航员尤里·加加林成为首位进入太空的人，加深了美国对在太空竞赛中落后的恐惧。次日，在与白宫科学委员会的会谈中，许多议员希望能够立刻开始一项太空计划以保证在与前苏联的竞赛中不至于落后太多。肯尼迪对此事却较为谨慎，不愿意立刻进行任何重大举措。4月20日，肯尼迪给副总统林登·约翰逊发去备忘录，询问他对于美国太空计划的意见，以及美国追赶前苏联的可能性。约翰逊在回复中认为"我们既没有尽最大努力，也没有达到让美国保持领先的程度"。约翰逊还提到未来登月的计划不仅可行，也绝对可以使美国在太空竞赛中获得领先地位。5月25日，肯尼迪在参众两院特别会议中宣布支持阿波罗计划。他在发言中称："我相信这个民族能够齐聚一心全力以赴达成这个目标，即在1970年以前，人类将乘坐宇宙飞船登陆月球并且安全返回。没有任何一个太空项目能够超越它对人类的影响，超越它对宇宙远程空间探索的重大作用，也

没有一个太空项目开发如此困难而且花费如此昂贵。"

任务模式的确定

在登月成为主要目标后，阿波罗计划曾有四个方案被考虑：第一种方案是直接起飞法，此方案提出由一个巨大的新星火箭携带一艘航天器，直接飞往月球；火箭在月球降落，任务完成后再次起飞，飞回地球。第二种方案是地球轨道交会法，此方案需要两艘只有"土星5号"一半大小的小型火箭将登月航天器的不同部分送入地球轨道，交会并对接。整个航天器降落在月球表面。由于当时在轨道中集合多艘航天器的经验较少，且地球轨道拼装航天器是否可行也是未知数，所以此计划未被采纳。第三种方案是月球表面交会法，此方案需要发射两艘航天器：一艘自动航天器携带推进系统，先期登月；载人航天器晚些发射。推进系统在月球表面被移至载人航天器上，然后返回地球。第四种方案是月球轨道交会法，该方案由约翰·C·霍博尔特的团队提出。这种方案是一艘较大的航天器，称为指令/服务舱，携带一艘装载宇航员的登月航天器，称为登月舱，并由登月舱登月。指令/服务舱携带从地球到月球并返回的燃料和生活必需品，以及进入地球大气

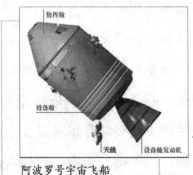

阿波罗号宇宙飞船

层所需要的隔热板。进入月球轨道之后，登月舱与指令/服务舱分离，并降落在月球表面；指令/服务舱留在月球轨道。3 名宇航员中的 1 名留在指令/服务舱中。登月完成之后，登月舱重新起飞，与指令/服务舱在月球轨道交会，并返回地球。

与其他几个方案不同，月球轨道交会法只需要一艘很小的航天器降落在月球表面，使返回时在月球上起飞航天器的质量大大减小。通过将登月舱的一部分留在月球上，月球起飞质量得以再次减小。登月舱本身分为两部分，包括降落部分和起飞部分，前者用于在登月时降落，后者在任务完成后起飞与指令/服务舱会合并返回地球。由于航天器质量减轻，一次任务只需要一次单独的火箭发射。当时的顾虑是次数较多的对接和分离所提出的技术难度。决策者们最终选择了月球轨道交会的方案。

计划中的 11 次载人航天

阿波罗计划中包括 11 次载人任务，从"阿波罗 7 号"一直到"阿波罗 17 号"，全部从佛罗里达州的肯尼迪航天中心发射。"阿波罗 4 号"到"阿波罗 6 号"都是无人测试飞行（正式地讲没有"阿波罗 2 号"和"阿波罗 3 号"）。

"阿波罗 1 号"是美国第一次由三名宇航员执行的太空任务。计划中将于 1967 年 2 月 21 日发射的"阿波罗 1 号"在 1 月 27 日进行一次例行测试时，指令舱突然发生了大火，三名宇航员维吉尔·格

世界各国航天计划与太空实验

里森、爱德华·怀特和罗杰·查菲 15 秒内全部不幸遇难。这次任务的名称原本是 AS－204，但任务后三位宇航员的遗孀认为航空航天局应该保留"阿波罗 1 号"的名称，希望人们不要忘记这次事故。

美国宇航员爱德华·怀特、维吉尔·格里森和罗杰·查菲

"阿波罗 7 号"是阿波罗计划中首次发射的载人任务，发射于 1968 年 10 月 11 日。整个任务全长十一天，也是美国首次成功的三人航天任务。完成此次任务后，瓦尔特·施艾拉成为第一位（也是唯一一位）在水星、双子星座以及阿波罗三项航天计划中均执行过任务的宇航员。

"阿波罗 8 号"是阿波罗计划中第二次载人飞行。它是人类第一次离开近地轨道，并绕月球航行的太空任务。在 1968 年 12 月 21 日发射后，飞船在太空中航行了三天才到达月球，并围绕月球轨道飞行了 20 小时，拍摄了大量的月球照片。

"阿波罗11号"成员，左起：阿姆斯特朗、科林斯、奥尔德林

在三位宇航员眼里，月球是"广阔，寂寞，又有些难以接近的星体，或者说是广阔的空虚"；在平安夜时他们在月球轨道中向地球作了电视直播。这些直播创造了当时的收视纪录，也是历史上观众最多的电视直播之一。

"阿波罗9号"于1969年3月3日发射。十天的任务中，登月舱在地球轨道中正常运行，证明了其独自飞行的能力并重新与指令/服务舱对接。他们的登月舱因其外形被称作"蜘蛛"，而指令/服务舱被运到航天中心时的塑料包装使宇航员们想到了"水果糖"。

"阿波罗10号"于1969年5月18日发射。在测试中，其登月舱离月球表面仅15.6千米。并在5月26日从月球返回地球途中创造了载人航天器的速度记录：39，897千米/小时（11.08千米/秒）。它完成了所有测试登月舱和指令/服务舱表现以及检查细节的飞行目标，为"阿波罗11号"不到两个月后的成功登月铺平了道路。

"阿波罗11号"是阿波罗计划中的第五次载人任务，发射于1969年7月16日。7月20日，尼尔·阿姆斯特朗与巴兹·奥尔德林成为首次踏上月球的人。两人在月球表面活动了两个半小时，使用钻探取得了月芯标本，拍摄了一些照片，也采集了22千克的月表岩石标本。"阿波罗11号"的成功标志着美国在太空竞赛中的胜利。

"阿波罗11号"宇航员巴兹·奥尔德林站在月球表面上

世
界
各
国
航
天
计
划
与
太
空
实
验

　　"阿波罗12号"于1969年11月19日成功登月。相对于前一次任务对降落点的要求不高，"阿波罗12号"有一个准确的降落点。"阿波罗12号"原计划将首次使用彩色摄像机向地球进行实况转播，但由于失误，摄像机没能使用。

　　"阿波罗13号"于1970年4月11日发射，执行原计划中第三次登月任务。但由于飞船在抵达月球前发生的氧气罐爆炸，电力和氧气均大量损失，登月计划被放弃，三名宇航员最终成功返回地球。这次探索活动也因此被称之为一次"成功的失败"，三位宇航员以及地面指挥人员的英勇事迹后来被搬上银幕：《"阿波罗13号"》。

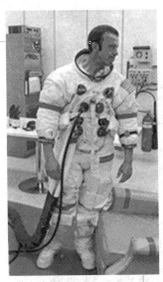

美国宇航员艾伦·谢泼德

　　"阿波罗14号"于1971年1月31日成功发射。踏上月球后，宇航员谢泼德的第一句话是：路途十分遥远，但我们还是到了。谢泼德当时已经四十八岁，成为登月宇航员中年龄最大的一位，也是"水星计划7人"中唯一登月的成员。他和搭档艾德加·米切尔在月球进行了两次月表行走。

　　"阿波罗15号"是阿波罗计划中的第九次载人任务，是历史上第四次成功登月的载人登月任务。与前几次登月相比，本次任务在月球上停留更久，进行三次较长的月表行走，科学研究的比例也更大。

"阿波罗16号"于1972年4月16日发射。约翰·杨和查尔斯·杜克在月球表面的三天中收集了94.7千克的岩石标本，其中有一块的质量达到了11.7千克，是所有月岩标本中最重的。"阿波罗16号"第二次使用了月球车；杨和杜克曾驾驶它达到了18千米/小时的速度，这是月球车的速度记录，被收入了《吉尼斯世界纪录大全》。

"阿波罗17号"是人类第六次也是迄今为止最后一次成功登月的太空任务。"阿波罗17号"创造了阿波罗计划中的很多记录，包括最长的登月飞行，最长的月表行走时间；"阿波罗17号"收集了最多的月球标本，也在月球轨道中航行了最长的时间。在即将结束最后一次登月任务之前，指令长尤金·塞尔南在登月舱前说道："在我们离开月球的陶拉斯－利特罗山谷时，我们来过这里，我们现在要离开这里；如果情况允许的话，我们还会带着全人类的和平与希望回到这里的。在我迈出离开月球的脚步时，我想说美国今日对太空的挑战将铸造人类明天的命运。愿'阿波罗17号'一路平安。"

"阿波罗17号"的登月纪念牌

后来，由于对美苏争霸时期的问题的一系列揭秘，人们对美国登月的真实性开始有争议。随着不断的媒体报道和相关者披露内幕，不少人认为这和"星球大战计划"一样，是美国自导自演的一场世纪大骗局，而且还对其本身的可行性提出种种质疑。

质疑登月真实性的人所宣称发现的疑点都是基于 NASA 公布的月球照片。而相信登月真实性的人则尽可能合理地对这些疑点进行科学解释。但绝大多数人还是认为阿波罗计划是真实的，并有很多人认为那些宣称"披露内幕"或妄图否定阿波罗登月计划的人，要么带有经济、政治日的，要么就是宣扬伪科学的伪科学主义者。

天空实验室

天空实验室任务徽章

天空实验室计划（Skylab）是美国国家航空航天局于 1973 年至 1979 年进行的首次空间站计划。1973 年到 1974 年间，曾有三批宇航员到天空实验室内进行实验。

早在 60 年代中期，美国航空航天局、国家科学院、总统科学顾问委员会等部门就开始研究"阿波罗"后的航天计划。1969 年以副总统阿格纽为组长的"空间工作组"，向总统提出了《阿波罗后续计划．未来的方针》的报告，强调美国在阿波罗之后应有

一个"平衡"的航天计划，即空间探索与空间应用要协调发展，并提出载人火星飞行、月球基地、大型航天站和航天飞机等目标。

报告发表后在社会上引起强烈争论，普遍认为花费太大。1970年3月，尼克松总统在听取各方面意见后发表了70年代的空间政策声明，确定了以无人空间探测器探索太阳系，加强近地轨道航天应用和降低航天成本的原则。随后，经美国航空航天局和国防部进一步论证，确定了美国70年代天空实验室和航天飞机两项计划。

"天空实验室"原称"阿波罗应用计划"，其目的是用"阿波罗"计划剩余的土星运载火箭和载人飞船作为运输系统，以"土星-5"第三级壳体改装后作为实验舱，开展试验性航天站活动。该计划

天空实验室

从1973年5月至1974年2月，耗资25亿美元，共完成3次载人活动，进行了天文观测、地球资源勘查、生物医学和材料加工等270项试验，突出显示了人在天上长期生活和从事检查、维修、排除故障和进行科研工作的能力，还创造了连续载人航天84天的记录。

世
界
各
国
航
天
计
划
与
太
空
实
验

航天飞机

航天飞机是美国继阿波罗之后的又一项庞大航天计划。之所以选择这个计划，主要有三个方面的原因，一是有利于保持美国的技术领先地位；二是可满足军民两方面发射、修理和回收卫星以及运送人员、物资等需要；三是航天飞机的多次重复使用能显著降低运载成本。

1969 年 4 月，美国航空航天局提出建造一种可重复使用的航天运载工具的计划。1972 年 1 月，美国正式把研制航天飞机空间运输系统列入计划，确定了航天飞机的设计方案，即由可回收重复使用的固体火箭助推器，不回收的两个外挂燃料贮箱和可多次使用的轨道器三个部分组成。从 1972 年至 1981 年，美国最大限度地压缩载人

"阿特兰蒂斯"号航天飞机

航天活动，集中财力研制航天飞机，经过近 10 年的努力终于研制成功并投入使用。

1981 年 4 月 12 日，美国宇航员约翰·杨、罗伯特·克里平

搭乘的世界上第一架航天飞机"哥伦比亚号",从肯尼迪航天中心发射升空。这架航天飞机总长约56米,翼展约24米,起飞重量约2040吨,起飞总推力达2800吨,最大有效载荷29.5吨。它的核心部分轨道器长37.2米,大体上与一架DC-9客机的大小相仿。每次飞行最多可载8名宇航员,飞行时间7至30天,轨道器可重复使用100次。

1981年4月12日,"哥伦比亚号"航天飞机升空画面

航天飞机是航天技术发展史上的又一个里程碑。它集火箭、卫星和飞机的技术特点于一身,能像火箭那样垂直发射进入空间轨道,又能像卫星那样在太空轨道飞行,还能像飞机那样再入大气层滑翔着陆,是一种新型的具有重要民用与军用价值的多功能多用途航天器。除可在天地间运载人员和货物之外,凭

正由载运机运输中的"亚特兰蒂斯号"航天飞机

世界各国航天计划与太空实验

着它本身的容积大、可多人乘载和有效载荷量大的特点，航天飞机还能在太空进行大量的科学实验和空间研究工作。它可以把人

2007年8月8日，美国"奋进号"航天飞机发射升空

造卫星从地面带到太空去释放，或把在太空失效的或毁坏的无人航天器，如低轨道卫星等人造天体修好，再投入使用，甚至可以把欧空局研制的"空间实验室"装进舱内，进行各项科研工作。

从 1981 年至 1993 年底，美国一共有 5 架航天飞机进行了 59 次飞行，其中"哥伦比亚号"航天飞机 15 次，"挑战者号" 10 次，"发现号" 17 次，"亚特兰蒂斯号" 12 次，"奋进号" 5 次。每次载宇航员 2 至 8 名，飞行时间从 2 天到 14 天。在 12 年中，已有 301 人次参加航天飞机飞行，其中包括 18 名女宇航员。航天飞机的 59 次飞行中，在太空施放卫星 50 多颗，载 2 座空间站到太空轨道，发射了 3 个宇宙探测器，1 个空间望远镜和 1 个 γ 射线探测器，进行了卫星空间回收和空间修理，开展了一系列科学实验活动，取得了丰硕的

发现者号航天飞机移往
39B 发射平台

探测实验成果。

美国航天飞机创造了许多航天新纪录。航天飞机首航指令长约翰·杨六次飞上太空，是世界上参加航天次数最多的宇航员。1983年6月18日，美国首位女宇航员莎丽·赖德乘"挑战者号"上天飞行。1983年8月30日，"挑战者号"把美国第一个黑人宇航员布鲁福德送上太空飞行。1984年2月3日乘"挑战者号"上

1986年1月28日，"挑战者号"失事的七名宇航员

天的麦坎德利斯，成为世界上第一位不系安全带到太空行走的宇航员。1984年4月6日"挑战者号"上天后，宇航员首次成功抓获和修理轨道上的卫星。1984年10月5日参加"挑战者号"飞行的莎丽文成为美国第一位到太空行走的女宇航员。1985年1

月 24 日"发现号"升空，首次执行秘密军事任务。1985 年 4 月 29 日，第一位华裔宇航员王赣骏乘"挑战者号"上天参加科学实验活动。1985 年 11 月 26 日，"亚特兰蒂斯号"载宇航员上天第一次进行搭载空间站试验。1992 年 5 月 7 日"奋进号"首次飞行，宇航员在太空第一次用手工操作抢救回收卫星成功。7 月 31 日"亚特兰蒂斯号"上天，首次进行太空发电试验。9 月 12 日"奋进号"将第一位黑人女宇航员、第一位日本记者和第一对宇航员夫妇载入太空飞行。1995 年 6 月 27 日，"亚特兰蒂斯号"发射，它实现了美国航天飞机和俄罗斯"和平号"轨道空间站首次对接。1996 年 11 月 19 日，"哥伦比亚号"发射，共飞 423 小时 53 分钟，创造了航天飞机停留外太空时间最长的纪录。1998 年 10 月 29 日，"发现号"搭载着 77 岁的参议员约翰·格伦起飞。格伦是曾搭乘"水星"飞船升空的美国首名宇航员，这次他又成为最高龄的"太空人"。1999 年 7 月 23 日，"哥伦比亚号"发射，这次指挥它的是艾琳·柯林斯，标志着女性首次成为航天飞机的机长。

"挑战者号"在升空73秒后突然爆炸失事

　　但是，由于美国航天飞机的设计上过分求全，把军用与民用、运输与轨道实验、运货与运人等多种任务集于一身，同时又

遇到经费不足和在计划管理上的失误等问题，致使其性能、可靠性、经济性等方面均未能达到原定指标。1986年1月28日，美国"挑战者号"航天飞机在第10次发射升空后，因助推火箭发生事故凌空爆炸，舱内7名宇航员（包括一名女教师）全部遇难。造成直接经济损失12亿美元，航天飞机停飞近3年，成为人类航天史上最严重的一次载人航天事故。事件致使美国整个航天活动几乎陷于停顿状态，并使全世界对征服太空的艰巨性有了一个明确的认识。2003年2月1日，飞行了28次的"哥伦比亚号"在返回地面过程中于空中解体，7名宇航员全部罹难，再次引发人们对航天飞机技术安全的关注。

2005年3月29日，"发现号"航天飞机整装待发

根据2005年的"太空探索新构想"，美国国家航空航天局宣称将研制一种可多次重复使用的新型载人航天器，用以取代航天飞机。而美国目前载人航天的标志——航天飞机将

于 2010 年左右退役，现阶段其主要功能也将仅限于建设国际空间站。

哈勃太空望远镜

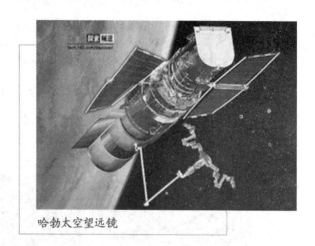

哈勃太空望远镜 （ Hubble Space Telescope，缩写为 HST），是世界上第一架太空望远镜。以天文学家爱德文·哈勃的名字命名，由美国国家航空航

哈勃太空望远镜

天局和欧洲航天局合作完成。总长度超过 13 米，质量为 11 吨多，运行在地球大气层外缘离地面约 600 千米的轨道上，大约每 100 分钟环绕地球一周。

自从 1990 年发射之后，哈勃太空望远镜已经成为天文史上最重要的仪器。它已经填补了地面观测的缺口，帮助天文学家解决了许多根本上的问题，使他们对天文物理有了更多的认识。

早期的设想

1946 年，天文学家莱曼·斯必泽在其论文《在地球之外的天文观测优势》中，指出在太空中的天文台有两项优于地面天文台的性能。首先，太空天文台观察物体，不会受到星光闪烁、大气动荡的影响。其次，在太空中的望远镜可以观测被大气层吸收殆尽的红外线和紫外线。

1962 年，美国国家科学院在一份报告中推荐太空望远镜作为发展太空计划的一部分。1965 年，斯必泽被任命为一个科学委员会的主任委员，该委员会的目的就是建造一架太空望远镜。

1966 年，美国国家航空航天局（NASA）进行了第一个轨道天文台（OAO）任务，但第一个 OAO 的电池在三天后就失效了，任务不得不被中止。第二个任务在 1968 至 1972 年对恒星和星系进行了紫外线的观测，比原先的计划多工作了一年的时间。

轨道天文台任务展示了以太空为基地的天文台在天文学上扮演的重要角色，因此，1968 年 NASA 确定了在太空中建造直径 3 公尺反射望远镜的计划，当时暂定名称是大型轨道望远镜或大型太空望远镜（LST），预计在 1979 年发射。

这个计划强调需要有人进入太空进行维护，才能确保这个费用昂贵的计划能够延续足够长的工作时间；并且同步发展可以重复使用的航天飞机技术，以使前项计划成为可行的计划。

世界各国航天计划与太空实验

反复推迟的发射

1970 年，NASA 设立了两个委员会，一个规划太空望远镜的工程，另一个研究太空望远镜任务的科学目标。由于太空望远镜比任何一个地面上的天文台所耗费的资金都要庞大许多倍，1974 年，在裁减政府开支的鼓动下，美国国会剔除了所有进行太空望远镜的预算。后来，在许多天文学家和国家科学院的共同努力下，最后参议院决议恢复原先被国会删除的一半预算。

资金的缩减导致目标项目的减少，镜子的口径也由 3 米缩为 2.4 米，以降低成本和更有效与紧密的配置望远镜的硬件。原先计划作为先期测试，放置在卫星上的 1.5 米太空望远镜也被取消了，对预算表示关切的欧洲航天局成为共同合作的伙伴。

天文学家爱德文·哈勃

1978 年，美国国会拨付了 3.6 亿元美金，让大型太空望远镜开始设计，并计划在 1983 年发射升空。1980 年初，望远镜被命

名为哈勃，以纪念在 20 世纪初期发现宇宙膨胀的天文学家爱德文·哈勃。

太空望远镜的计划一经批准，计划就被分割成许多子计划分送各机关执行。马歇尔航天中心（MSFC）负责设计、发展和建造望远镜，哥达德航天中心（GSFC）负责科学仪器的整体控制和地面的任务控制中心。马歇尔航天中心委托珀金埃尔默设计和制造太空望远镜的光学组件以及精密定位传感器，委托洛克希德建造安装望远镜的宇宙飞船。

哈勃望远镜拍摄的遥远的大犬星座的两个螺旋形星系相互碰撞

因为在光学望远镜组合上的预算持续膨胀，并且进度每季都要增加一个月，NASA 将发射的日期先延迟至 1985 年的 4 月，后来又延至 1986 年 3 月，然后又延至 1986 年 9 月。这时整个计划的总花费已经高达 11 亿 7500 万美元。

1986 年，按照计划应在当年的 10 月份发射哈勃太空望远镜。但是，"挑战者号"的事故使美国的太空计划停滞不前。航天飞

机的暂停升空，迫使哈勃太空望远镜的发射延迟了数年。望远镜和所有的附件都必须分门别类的储藏在无尘室内，直到能够排出发射的日期，这也使得已经超支的总成本更为高涨。

最后，随着航天飞机在 1988 年再度开始升空，望远镜也预定在 1990 年发射，并最后终于在 1990 年 4 月 24 日由"发现号"航天飞机将望远镜成功送入计划中的轨道。

通过太空维护，真正发挥效用

在望远镜发射数星期之后，传回来的图片显示在光学系统上有严重的问题。虽然，第一张图像看起来比地基望远镜的明锐，但望远镜显然没有达到最佳的聚焦状态，获得的最佳图像质量也远低于当初的期望。

对图样缺陷的分析显示，问题的根源在于主镜的形状被磨错了。虽然只是在边缘太平了一点，但它造成的是灾难性的、严重的球面像差。来自镜面边缘的反射光，不能聚集在与中央的反射光相同的焦点上。这意味着几乎所有对宇宙学的研究计划都不能执行，因为它们都是非常暗弱的观测图像。美国国家航空航天局和哈勃太空望远镜成为许多笑话的箭靶，被认为是花费大而无用的东西。

1993 年，天文学家开始寻找可以在预定进行第一次维修任务时解决问题的方案。1993 年 12 月，"奋进号"航天飞机的机组

人员于 10 天之中更换和重新安装了望远镜上的仪器和其他的设备。望远镜上携带的计算器也被更新升级，由于高层稀薄的大气仍有阻力，在三年内逐渐衰减的轨道也被提高了。1994 年 1 月 13 日，美国国家航空航天局宣布任务获得完全的成功，并展示出许多新的图片。

哈勃望远镜拍摄的距地球两千八百万光年的宽边帽星系

为了能够让哈勃望远镜正常工作并取得预定的效果，美国宇航员先后进行了五次航天飞机的舱外活动。除了上述首次维修任务外，第二次和第三次维护任务由"发现号"航天飞机在 1997 年 2 月到 1999 年 12 月执行，第四次维护任务由"哥伦比亚号"航天飞机在 2002 年 3 月执行，最后一次的哈勃维修任务安排在 2008 年。这些太空维护任务，升级和更新了哈勃望远镜的摄影摄像系统及外围支持系统，将使哈勃望远镜的寿命延长至 2014 年左右。此后，它未完成的使命将由詹姆斯·韦伯太空望远镜继承。

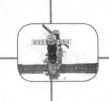

哈勃望远镜的贡献

哈勃太空望远镜帮助解决了一些长期困扰天文学家的问题，而且导出了新的整体理论来解释这些结果。哈勃望远镜的众多主要任务之一是要比以前更准确地测量出造父变星的距离，这可以让我们更加准确地定出哈勃常数的数值范围，这样才能对宇宙的扩张速率和年龄有更正确的认知。

在哈勃升空之前，哈勃常数在统计上的误差估计是50%，但在哈勃重新测量出室女座星系团和其他遥远星系团内的造父变星距离后，提供的测量值准确率可以在10%之内。这与哈勃发射之后以其他更可靠的技术测量出来的结果是一致的。

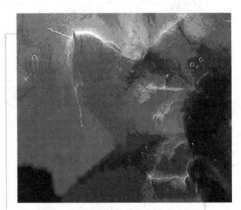

哈勃望远镜拍摄的距地球九千光年的三裂星云

哈勃也被用来改善宇宙年龄的估计。来自高红移超新星搜寻小组和超新星宇宙论计划的天文学家使用望远镜观察遥远距离外的超新星，发现宇宙的膨胀也许实际上是在加速中。这个加速已经被哈勃和其他地基望远镜的观测证实，但加速的原因目前还很难以理解。

由哈勃提供的高解析光谱和影像很明确地证实了盛行的黑洞存在于星系核中的学说。在20世纪60年代初期，黑洞将在某些星系的核心被发现还只是一种假说，在80年代才鉴定出一些星系核心可能是黑洞候选者的工作，哈勃的工作却使得星系的核心是黑洞成为一种普遍和共同的认知。哈勃的计划在未来将着重于星系核心黑洞质量和星系本质的紧密关联上，哈勃对星系中黑洞的研究将在星系的发展和中心黑洞的关连上产生深刻而长远的影响。

美国，航天第一大国

星球大战计划

星球大战计划（Star Wars Program），全称是"反弹道导弹防御系统之战略防御计划"（Strategic Defense Initiative，简称 SDI）。该计划源自美国总统罗纳德·里根于1983年3月23日发表的一个著名演说。

美国电影《星球大战》剧照

"星球大战"演说发表后，1985年1月4日由美国政府立项开发，定名为"反弹道导弹防御系统之战略防御计划"。计划于1994年开始部署，其核心内容是：以各种手段攻击敌方的外太空洲际战略导弹和外太空航天器，以防止敌对国家对美国及其盟国

发动的核打击。其技术手段包括在外太空和地面部署高能定向武器（如微波、激光、高能粒子束、电磁动能武器等）或常规打击武器，在敌方战略导弹来袭的各个阶段进行多层次的拦截。美国的许多盟国，包括英国、意大利、西德、以色列、日本等，也在美国的要求下不同程度地参与了这项计划。

"星球大战计划"的出台背景是在冷战后期，由于前苏联拥有比美国更强大的核攻击力量，美国害怕"核平衡"的形势被打破，有必要建立有效的反导弹系统，来保证其战略核力量的生存能力和可靠的威慑能力，维持其核优势。同时，美国也是想凭借其强大的经济实力，通过太空武器竞争，把前苏联的经济拖垮。

星球大战计划由"洲际弹道导弹防御计划"和"反卫星计划"两部分组成，其预算高达1万多亿美元。拦截系统由天基侦察卫星、天基反导弹卫星组成第一道防线，用常规弹头或定向武器攻击在发射和穿越大气层阶段的战略导弹；由陆基或舰载激光武器摧毁穿出大气层的分离弹头；由天基定向武器、电磁动能武器或陆基或舰载激光武器攻击在再入大气层前阶段飞行的核弹头；用反导导弹、动能武器、粒子束等武器摧毁重返大气层后的"漏网之鱼"。

经过上述4道防线，可以确保对来袭核弹的99%摧毁率。同时在核战争发生时，以反卫星武器摧毁敌方的军用卫星，打击削弱敌方的监视、预警、通信、导航能力。

由于系统计划的费用昂贵和技术难度大，许多计划中的项

目，如著名的"X－30"，"X－33"等最终无限期延长甚至终止。
再加上1986年"挑战者号"航天飞机爆炸所导致的美国全部航
天活动的暂时停滞，以及后来前苏联的解体，美国在已经花费了
近千亿美元的费用后，于20世纪90年代宣布中止"星球大战计
划"。

美国电影《星球大战》剧照

随着美国中央情报局冷战密件曝光，"星球大战"计划被证实
是一场彻底的骗局，一时间舆论哗然。大多数人开始相信，"星球
大战"计划只是美国政府为了拖垮前苏联而采取的一种宣传手段
而已。但五角大楼声称，它没有实施，是因为存在技术缺陷。现
在许多用于在"星球大战"计划中进行研究、实验的装置仍然发
挥着作用。如美国白沙实验场，研究"光束飞船"（用激光代替化
学燃料）的激光仍然是来源于星战计划中所使用的仪器。

太空探索新构想

2005 年，美国推出为期 14 年、耗资 1040 亿美元的"太空探索新构想"。该计划将载人航天探索的重点目标放在重新登陆月球，建设半永久性的月球航天基地，将来准备让宇航员登陆火星。这是美国今后 10 多年航天发展、特别是载人航大发展的重中之重。

为响应"太空探索新构想"，美国国家航空航天局宣称将研制一种可多次重复使用的新型载人航天器，用以取代航天飞机，将人送上月球和火星。这种新型航天

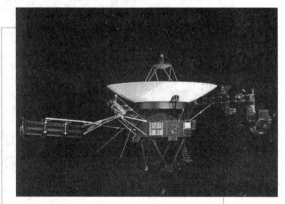

美国"旅行者"飞船

器搭载人数多达 6 人，被形容为"服了兴奋剂的阿波罗"。

此外，美国的无人探测航天器以火星为重点，太阳系其他行星为辅。意在全面考察火星的地质、气候环境，为人类将来登陆火星做好知识准备。除了火星探测的 2 艘飞船、2 台火星车之外，美国已发射新一代火星探测飞船，并计划陆续发射新的火星陆地车、火星实验室等。此外，美国的"旅行者"飞船即将飞出太阳

系，"卡西尼"飞船也在考察土星系统，未来还将发射水星探测飞船。

以军用卫星为重点发展应用卫星系统。除了开发下一代GPS卫星系统，为军事、交通等领域服务之外，美国还有多种军用侦察卫星、导弹预警卫星、海洋观测卫星、地球环境监测卫星、通信卫星等应用卫星系统。各种用途的军事卫星是美国卫星发展的重点，也是美国

美国GPS卫星

军事领域"信息优势"的一个主要支柱，而民用卫星已不是美国航天的主要领域。因此，美国特别担心其他国家发展太空军事力量，削弱它在太空获得信息、处理信息和通信联系的优势。由此可见，"泛军事化"和"泛政治化"的思维，始终在美国航天发展中有重要影响，称霸太空、实施全球攻击才是它的终极目标。

星座计划

2006 年，美国宣布了新一期月球探索的"星座计划"（Project Constellation）。计划包括一系列新的航天器、运载火箭以及相关硬件，将在国际空间站补给运输以及登月等各种太空任务中

概念图：整个星座计划航天器在地球轨道对接完成后点火离开地球

使用。大多数星座计划使用的硬件都会基于航天飞机的模式，而核心部件猎户座航天器（曾称为载人探索飞行器），在很大程度上则受了阿波罗航天器的影响，使用乘员/服务舱系统。飞行运载系统包括三部分：猎户座乘员/服务舱、月球着陆舱以及地球出发站，使用的火箭包括发射无人设施的"战神 5 号"以及发射载人航天器的"战神 1 号"。系统将前所未有地同时使用地球轨

道交会和月球轨道交会。

是年 12 月，美国国家航空航天局征询了各国业内人士后，公布了全球探索战略和美国月球构建任务初步情况。这将是实现美国重返月球愿景的两大重要工具。美国航空航天局认为，最好在月球的南极或北极附近建造太阳能动力的月球基地，为火星之旅做准备。建设月球基地的目标是，2020 年前完成首次载人任务，四名宇航员将作短暂停留。载人月球任务之前，美国国家航空航天局还计划了一系列的机器人任务。

为了实现这一目标，美国国家航空航天局 2007 年至少获得 170 多亿美元的财政预算支持，比上一年增长 3.2%。主要包括：航天飞机 40.57 亿美元、长期载人太空飞行 30.58 亿美元、日地计划 22.1 亿美元、国际空间站 18.11 亿美元、机器人任务 16.1 亿美元、太空望远镜 15.09 亿美元等。而同年 10 月，通过美国白宫科技政策办公室网站发布的解密版《美国国家航天政策》，则因强调太空军事优势而透露出更多的单边主义倾向。

新一代载人航天器"奥赖恩"

"奥赖恩"（Orion，猎户座），又称"乘员探索飞行器"，是美国新一代载人航天器。作为星座计划的一部分，它将承担美国宇航员未来重返月球，乃至登陆火星的飞行任务。

2006 年 8 月 31 日，美国国家航空航天局正式宣布，选定洛

世界各国航天计划与太空实验

克希德－马丁公司为其设计、制造名为"奥赖恩"的新一代载人航天器，送宇航员重返月球乃至登陆火星。此举也标志着美国新一阶段载人航天计划正式启动。

美国新一代载人航天器"奥赖恩"

"奥赖恩"由高科技合成材料制成，外貌与阿波罗宇宙飞船相似，但内部空间比阿波罗宇宙飞船大 2.5 倍，最多可容纳 6 名宇航员，融入了电脑、电子、生命支援、推进系统及热防护系统等领域的诸多最新技术。同航天飞机比，"奥赖恩"重量显著降低，使用成本更加低廉。它并没有机翼和尾翼，不再像航天飞机那样通过滑翔方式返回地球，而是像宇宙飞船那样通过降落伞降落，因而不需要复杂的气动外形和防热系统，可提高返回时的安全性。它将替代航天飞机的计划，成为继航天飞机计划之后美国在太空探索方面迈出的又一大步。但

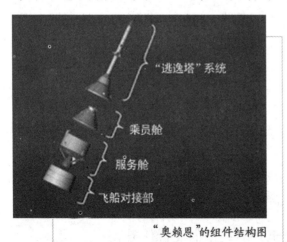
"逃逸塔"系统
乘员舱
服务舱
飞船对接部
"奥赖恩"的组件结构图

也有外界人士认为，"奥赖恩"不过是2.0版的阿波罗宇宙飞船。

发射时，"奥赖恩"将与火箭串联在一起，即飞行器在火箭的顶部，而不像航天飞机那样与火箭并联，所以能远离燃烧的发动机和坠落的碎片造成的危险，完全避开泡沫材料脱落的威胁。

除此之外，"奥赖恩"还设置有"逃逸塔"系统，一旦在发射时出现故障，引发燃料爆炸，可迅速将飞行器分离出去，通过降落伞安全降落。这些措施可使航天飞行事故率从以往的1/220降低为现在的1/2000，提升了安全系数。

美国国家航空航天局计划，"奥赖恩"的首次飞行将在2014年或之前，届时宇航员将乘坐它飞往国际太空站。接下来在2020年之前，将首次执行飞往月球的任务。根据计划，美国将使用"战神1号"和"战神5号"火箭分别将"奥赖恩"飞船的载人舱和服务舱先后送上地球轨道，随后，它们将在太空中进行对接。点燃发动机后，"奥赖恩"将飞往月球。在月球降落后，宇航员将在月球上工作一周，随后返回。

在实现登月后，"奥赖恩"还将飞往火星，但目前需要解决的是发动机燃料问题。"奥赖恩"目前使用的是传统的自燃式液体燃料，如果条件成熟，未来飞往火星的飞船将使用甲烷当燃料，一方面推力更大，另一方面这种燃料可以由宇航员在火星上提取制造。

美国，航天第一大国

— 53 —

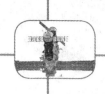
美国国家航空航天局（NASA）

美国国家航空航天局（全称 National Aeronautics and Space Administration，缩写为 NASA，中国台湾译作美国国家航空暨太空总署，港澳译作美国太空总署），成立于 1958 年 10 月 1 日，是美国联邦政府的一个政府机构，负责美国的太空计划，并进行长期的民用及军用航空航天研究。其目标是"理解并保护我们赖以

美国国家航空航天局标志

生存的行星；探索宇宙，找到地球外的生命；启示我们的下一代去探索宇宙"。

美国肯尼迪航天中心

NASA 总部位于华盛顿哥伦比亚特区。成立初期，由拥有 46 年历史的研究机构国家航空咨询委员会的四个主要实验机构与其中 80 名成员改组而成。所有国防部之下非军事火箭及太空

计划在总统行政命令下一起归入 NASA，包括正在进行的先锋计划和探险者计划，以及美国全部科学卫星计划。原国家航空咨询委员会（NACA）的 3 个实验室：兰利研究实验室、刘易斯研究

约翰逊航天中心近景

实验室、艾姆斯研究实验室编入 NASA，更名为兰利研究中心、刘易斯研究中心、艾姆斯研究中心。爱德华空军基地的飞行试验室改名为飞行研究中心，海军研究实验室有关先锋计划的部分划归 NASA，在马里兰州组建了戈达德航天飞行研究中心。1960 年 6 月接管冯·布劳恩领导的陆军弹道导弹局，在亨茨维尔组建马歇尔航天飞行中心，负责大型运载火箭的研究计划。尔后 NASA 还相继调整、组建了肯尼迪航天中心、约翰逊航天中心、太空飞行器中心。NASA 已成为世界上所有航天和人类太空探险的先锋。

作为世界上最大的民用航天机构，NASA 每年年度预算多达 160 多亿美元，对发展美国的航空航天事业起了重大作用。它所

世界各国航天计划与太空实验

从事的研究领域十分广泛，包括航空学研究及探索，空间科学（太阳系探索、火星探索、月球探索、宇宙结构和环境），地球学研究（地球系统学、地球学的应用），生物物理研究，航

1990年1月26日，"哥伦比亚号"在搭载机上飞返肯尼迪航天中心

空学（航空技术），并承担一定的培训计划。其在航空方面的研究课题主要有超声速技术、飞机节能技术等；在航天方面主要配合几个大型工程，如阿波罗工程、天空实验室、航天飞机等开展研究。它通过科研课题、合同、计划等形式与国防部、高等院校、工业企业的研究机构保持密切的关系。它下辖的研究中心和实验室有十几个，如戈达德航天中心、肯尼迪航天中心、喷气推进实验室等。但科研工作80%以上委托局外各单位进行处理。研究成果以 NASA 出版物形式发表。出版

公众参观搭载后的"亚特兰蒂斯号"

物有《技术报告》、《技术札记》、《合同户报告》、《技术备忘录》、《技术译文》、《特殊出版物》等。

20世纪70年代以来，航天飞机计划一直都是NASA的重头戏。但在1986年和2003年的两次重大事故中，两架航天飞机被毁，导致14位航天员死亡。其中，1986年失事的"挑战者号"

2003年，"哥伦比亚号"失事的七名宇航员

是一架用替换零件拼凑的航天飞机。而2003年的"哥伦比亚号"则造成美国国内对航天飞机未来的信心大减。NASA不再考虑建造新的航天飞机，而是转而研发新的替代计划。2004年，美国政府提出了代替航天飞机的乘员探测飞行器计划，以允许NASA再次将宇航员送至月球。

漫步月球第一人：阿姆斯特朗

自古以来，我国一直流传着"嫦娥奔月"的神话故事，它生动地表达了人类飞向太空的美好愿望。1969 年 7 月 20 日 22 时 56 分，作为"阿波罗 11 号"飞船的指令长，阿姆斯特朗身穿笨重的宇航服在月球那荒凉而沉寂的土地上印下了人类第一个脚印，将这个神话变成了现实。

从小痴迷飞行

阿姆斯特朗，1930 年 8 月 5 日出生于美国俄亥俄州。童年时，他就十分喜欢飞机模型。所以经常在放学后去面包房打工，用挣来的钱买航模材料，然后亲手制作。

14 岁时，飞机模型已经不能满足阿姆斯特朗对飞行的渴望了，他渴望驾驶真正的飞机在蓝天翱翔。为了实现自己的理想，他每天放学后都去一家药店打工，报酬是每小时 40 美分。他拼命努力工作，为的就是到离家五千米的一家飞行训练所学习飞行技术。飞行训练的费用是 9 美元，所以他一攒够 9 美元就去训练一小时。功夫不负苦心人，到他 16 岁时，终于梦想成真，拿到了飞机驾驶证。

朝鲜战争爆发后，阿姆斯特朗作为海军飞行员参战。在一次

战斗中，他的机翼被切去一段，几乎没有飞行员在这种情况下还能控制飞机的平衡，但阿姆斯特朗凭借过人的技术和勇气跳伞归队，化险为夷，这一事件一时间在军中传为美谈。

朝鲜战争结束后，阿姆斯特朗重返学校学习，并获得了航空工学学士学位。1955 年，他又前往加利福尼亚州做试飞员。此后，他又成为 X−15 火箭飞机驾驶员，并驾驶 X−15 火箭飞机创造了飞行高度和速度的记录。1962 年，阿姆斯特朗加入美国国家航空航天局（NASA），成为在 NASA 受训的九位宇航员小组的一员。

执行"水星 6 号"任务

1962 年 2 月 20 日，美国"水星 6 号"载人飞船成功绕地球飞行三周。得知这一消息后，阿姆斯特朗报名参加了 1962 年第二期宇航员的公开考试。被录取后，他成为美国航空航天总署（NASA）的一员。之后，阿姆斯特朗进行了长达 4 年的宇航员强化训练。在理论上，他必须在天文学、物理学、地质学和太空机械学等方面达到相当于硕士的理论水平；而在实际操作方面，他不仅要学会驾驶性能复杂的宇宙飞船，还要熟悉修理和排除故障的技术。

1966 年 3 月 16 日，"大力神 2 号"运载火箭发射起飞，将"双子星座 8 号"飞船送往太空，阿姆斯特朗开始了自己的第一

世
界
各
国
航
天
计
划
与
太
空
实
验

次太空之旅。他和斯科特上尉一起执行这次任务，并奉命担任指令长。在这次历时 10 个多小时的飞行过程中，他们第一次实现了载人飞船与不载人飞行器之间的对接。

在这次飞行中，阿姆斯特朗又一次表现出超越常人的勇敢和机智，当飞船与飞行器进行对接时，飞船上的一个推力器发生故障，引起联合飞船体自旋，阿姆斯特朗果断决定，迅速脱离对接，使飞船紧急降落在太平洋上，避免了一次严重事故的发生。

飞向月球之旅

1969 年 3 月，美国国家航空航天局决定在 7 月 16 日美国独立周年纪念日，发射"阿波罗 11 号"飞船。由于在前几次执行任务中表现出色，阿姆斯特朗被选为"阿波罗 11 号"指挥长，授命第一个登上月球。

"阿波罗 11 号"于 1969 年 7 月 16 日美国东部时间上午 9 点 32 分从佛罗里达州肯尼迪航天中心发射升空，重达三千多吨的火箭携飞船腾空而起，直冲云霄。

地面上的人们怀着无比激动的心情观看了这一史无前例的人类壮举，毕竟这是人类第一次登上一个陌生的星球。卫星和无线电波将电讯节目传送到全球。最见多识广的记者此时都惊叹不已，因为不曾经历这样伟大的时刻，人们屏住呼吸，以至于美联社和国际合众社的电视传真在很长一段时间内鸦雀无声，这种情

景在寻常新闻报道中是从未出现过的。然而飞船指令长阿姆斯特朗和他的两名同伴却表现得异常冷静沉着，他们的心率在等待发射的时刻甚至比在以前进行太空飞行时还要低。这足以证明他们就是此次登月飞行的最佳人选。

此时，就连尼克松总统在华盛顿也坐在电视机旁观看了这一惊心动魄的场景。就这样，阿姆斯特朗和自己的另外两名伙伴——奥尔德林、柯林斯一起开始了为时 12 天，行程 80 万千米的月球之旅。

回忆起"阿波罗 11 号"刚起飞的情景，阿姆斯特朗说："出发前，很自信，因此竖起了大拇指。但同时也带着一点羞愧。事实上；有许多次我们整装待发，甚至已经进入太空舱了，却忽然发现不是这里就是那里出了毛病，你不得不从头再来。所以，当我们实际上真正起飞的时候，我倒是有一种置身梦中的惊讶感觉了。当然，真正起飞的时候，感觉很美好！"

而在谈到起飞时的感觉时，他说："起飞时，我感觉好像火车行驶在不平坦的轨道上一样，人的身体向各个方向摇晃，噪声非常的大。但总的感觉是终于飞起来了，棒极了！"

冷静面对险情

"阿波罗 11 号"起飞 4 天后，也就是 7 月 20 日，进入了绕月轨道，预定登月的时刻终于到来。

阿姆斯特朗和同伴吃完早餐，穿好登月服装，戴上头盔，背上背囊。上午 9 点 22 分，驾驶员奥尔德林首先由指挥舱进入登月舱。之后，指令长阿姆斯特朗也进入了登月舱，剩下的柯林斯则留在指挥舱内接应同伴。按照计划，此时登月舱被称作"秃鹰"，指挥舱被称作"哥伦比亚"。

身着早期宇航服的阿姆斯特朗

"秃鹰"与指挥舱"哥伦比亚"分离，准备降落在月球表面。当降到离月球表面 9 千米处时，"1202"警报器突然发出刺耳的鸣响，阿姆斯特朗和奥尔德林之前从未受过"1202"警报训练，他们担心有意外发生，而这个意外有可能导致整个登月任务流产，甚至更糟……

不过，幸运的是，地面飞行控制中心很快显示，"1202"警报是由计算机超负载造成的，对着陆不造成危险，因此，"秃鹰"可择地着陆。

于是"秃鹰"又向预定地点进发准备着陆，然而，当它以每秒 8 米的速度下降到离月球表面 150 米的高空时，又一次险情摆

在了阿姆斯特朗面前。通过观察窗，他发现月球表面预定的降落点竟然有无数巨大的岩石，这与"阿波罗8号"和"阿波罗10号"所拍摄的照片有些不同，他们不得不倍加小心。

紧接着，阿姆斯特朗和同伴奥尔德林又遇上了另外一个险情："1201"（计算机制导系统故障）使"秃鹰"无法正常下降。据后来阿姆斯特朗回忆，当时"秃鹰"只剩下5%的燃料，他们又必须在90秒内着陆，否则"秃鹰"就会粉身碎骨。

在危急关头，阿姆斯特朗在奥尔德林的引导下，手握操纵杆，给"秃鹰"加大马力，使"秃鹰"越过了这个岩石密布的区域，避免了一场惨祸的发生。排除这次险情以后，"秃鹰"探出5英尺长的金属传感器，触到了月球的土壤，缓缓下降。阿姆斯特朗随即向地面控制中心报告："发动机引擎和安全控制系统已经关闭，这里是安宁谷，'秃鹰'已经着陆。"

此时，38万千米外的地球，休斯敦任务控制中心内一片肃静。几分钟后，人们仿佛从梦中醒来，一下子欢呼雀跃起来。这一刻，举世瞩目，经过长达8年的不懈努力，耗资无数的"阿波罗号"终于在月球着陆。

人类的一大步

1967年7月20日美国东部时间22时40分，阿姆斯特朗首先迈出舱门，站在51米高的小平台上，面对荒凉而陌生的月球凝视了几分钟。然后他伸出左脚，一步三停地走下扶梯。九级台阶，他整整用了三分钟。最后，他向月球表面迈出了第一步。他的左脚小心翼翼地触及月球地面，而右脚仍停留在登月舱扶梯上，当发现左脚陷入月球表面很少后才将右脚踏在月球表面。在整个世界的瞩目下，阿姆斯特朗迈出了"个人的一小步，但却是人类的一大步"。

登月舱旁的阿姆斯特朗

阿姆斯特朗回忆道："我在舷梯尽头跳了一小步，舷梯触到的月球表面呈沙粒状。我走下'秃鹰'，平稳地站到了月球上。这时候仔细察看才发现，我脚下踩的是很细的、呈粉末状的尘土。脚尖踩上去很松很软，而后形成很美的圈状层次，如同粉末状的焦炭。"

"我只是踩上去浅浅的一英寸，也许只有1/8英寸，我却看到了我的靴子印，靴底粘满了沙子般的颗粒。"阿姆斯特朗发现，这时候向各个方向迈步都没有他想象中那么困难，甚至比他在地面上所做的1/6G模拟训练还轻松。"刚开始我处于阴影中，十分黑暗，我不大容易看到我的足迹，但当我走了几步后，眼睛逐渐适应了周边的黑暗。"他说。

18分钟后，奥尔德林也踏上了月球表面，他们抓紧时间执行

各项任务：安放科学仪器，收集月球土壤和岩石样品，还在月球表面插了一面美国国旗，安放了一块不锈钢纪念牌。

23点47分，美国总统尼克松在白宫和月球上的两位宇航员通了话，2小时20分后，他们乘登月舱起飞上升，离开月球与指挥舱内的柯林斯会合。

7月28日美国东部时间下午12时51分，在经过了12天3小时17分22

阿姆斯特朗登上月球时的照片

秒的远航后，"阿波罗11号"顺利返回地球，降落于太平洋。三名宇航员在医生和相关人员陪伴下，被关了三个星期"禁闭"后，才返回家中，与亲人团聚。

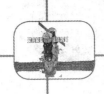
世界各国航天计划与太空实验

前苏联到俄罗斯的航天轨迹

前苏联从 20 世纪 50 年代开始陆续发射太空飞行器进行空间探测，实现载人飞行，在广阔的国土上建设了许多的地基观测站，配合空基探测或者单独进行大气、空间、太阳和宇宙深空探测。从 2006 年开始，俄罗斯开始执行一个投资 110 亿美元的十年空间计划，弥补过去近二十年由于资金困难造成的许多滞后的局面。

俄罗斯及前苏联在航天方面多年来一直走在世界前列，曾创造了多个历史第一。

前苏联的航天事业

前苏联的航天事业起步很早。早在 1917 年之前，一些科学家就开始探讨航天的理论和实现途径问题。1903 年，齐奥尔科夫斯基发表著作论证利用火箭实现行星际航行的可能性，奠定了火箭理论和航天学的基础。1921 年，在莫斯科建立了第一个火箭研究和试验机构——气体动力实验室，并于 1928 年进行首批火药火箭的发射试验。1929 ~ 1931 年，格鲁什柯在气体动力实验室研

制了前苏联第一批液体火箭发动机。1931 年秋，在莫斯科和列宁格勒先后成立了反作用运动研究小组，专门从事火箭的理论研究、设计和试验工作。1933 年，科罗廖夫领导的莫斯科反作用运动研究小组发射了第一批液体火箭。同年，气体动力实验室和莫斯科反作用运动研究小组合并为喷气科学研究所。1941 年又成立了液体火箭发动机设计局，这两个组

前苏联火箭事业的先驱齐奥尔科夫斯基

织在研制火箭滑翔机和飞航式导弹方面取得相当的进展，也培养了不少火箭技术人才。第二次世界大战后，前苏联借助德国 V-2 火箭及其技术全力发展导弹。1949 年自行研制的 P-1A 火箭发射成功，为设计和制造大型火箭奠定了基础。

莫斯科反作用运动研究小组负责人科罗廖夫

1954 年，前苏联开始研制洲际弹道导弹，到 1957 年完成全程试验，同年 10 月 4 日用这种导弹略加改装，成功地发射了世界第一颗人造地球卫星，随后又发射了世界第一个月球探测

— 67 —

器、第一艘载人飞船和第一个火星探测器，60 年代中期以后前苏联航天进入了全面发展的阶段。在前苏联与美国持续多年太空争霸赛中，前苏联的宇航业曾经十分辉煌。尤里·加加林成为人类历史上第一个进入太空的宇航员，这让俄罗斯人至今仍非常骄傲。

前苏联空军上校尤里·加加林，第一个进入太空的人

前苏联拥有 3 个航天器发射场：拜科努尔、卡普斯丁亚尔和普列谢茨克航天器发射场。运载火箭有"卫星号"、"东方号"、"闪电号"、"联盟号"、"宇宙号"和"质子号"。前苏联航天事业的规模宏大，发射频繁，从人造地球卫星、载人飞船、空间站，到深空探测器全面发展。

1957 ~ 1984 年，苏联共发射各类航天器 2011 个，居世界首位。其中 1958 ~ 1984 年间，共发射人造地球卫星 1891 颗，包括科学卫星、技术试验卫星和应用卫星，其中应用卫星占 80% 以上。科学卫星为应用卫星、载人飞船、战略武器和科学研究提供

"东方号"飞船的总装

空间环境数据。应用卫星的发展始于60年代初期，其中大部分也包含在"宇宙号"卫星系列内。前苏联应用卫星主要采用近地轨道、大椭圆轨道和地球静止轨道。

侦察、导航、测地和气象卫星以及战术通信卫星均位于近地轨道，预警和战略通信卫星位于大椭圆轨道，近地点在南半球，高度约500千米，远地点在北半球，高度为40000千米左右。由于国土处于高纬度地区，发射地球静止轨道卫星不仅要求所用运载火箭的能量大、技术复杂，而且还不能覆盖北纬77°以北的地区。

前苏联于1965年首先发射大椭圆轨道卫星，通过多颗卫星组网实现战略通信和全球范围的弹道导弹预警。为了满足国际和国内通信的需要，从1974年开始发射地球静止轨道卫星。

1984年7月25日，前苏联宇航员扎尼别科夫进行太空行走

前苏联还通过发射生物卫星和无人飞船研究宇宙辐射和失重环境对生物的影响，验证飞船结构的可靠性，掌握飞船的返回技术，为实现载人航天进行技术准备。1960年在莫斯科市郊建

前苏联到俄罗斯的航天轨迹

世界各国航天计划与太空实验

立了"航天员训练中心"。1961 年 4 月 12 日，由这个中心培养的第一名航天员加加林驾驶"东方 1 号"飞船绕地球飞行一圈，实现了有史以来人类在太空的第一次航行。

20 世纪 70 年代以后，前苏联载人航天进入实用阶段，安排了大量国民经济、科学研究和军事方面的项目。1971 年 4 月 19 日，前苏联发射了第一艘试验性航天站"礼炮 1 号"。此后就以"礼炮号"航天站为主体，用"联盟号"载人飞船和"进步号"货运飞船作为运输工具，为航天站轮换航天员和补充燃料、设备及其他消耗品，进行对地侦察和勘测，开展天文观测、空间加工、生物医学研究和技术试验活动，并

"联盟号"载人飞船太空对接

在保证人在失重环境中长期生活和有效工作方面积累了经验。1961 年至 1984 年底，前苏联共发射 7 个"礼炮号"空间站、完成 56 次载人航天飞行。

此外，前苏联进行了月球、金星、火星和行星际空间的探测，其空间探测器有"月球号"探测器、"金星号"探测器、"火星号"探测器和"金星－哈雷号"探测器等系列。

1959 ~ 1976 年共发射"月球号"探测器 24 个，1959 年 10

月"月球3号"首次拍摄到月球背面的照片。1966年2月3日"月球9号"首次实现在月球软着陆并利用全景电视摄像机把月面图像传回地球。1970年9月,"月球16号"把0.12千克月球土壤标本带回地球。同年10月,"月球17号"把无人驾驶的月球车送上月球,由地面遥控在月面行驶了10.5千米。1964～1970年共发射8个"探测器",用以探测月面和地-月空间环境。遗憾的是,直到普京时代,俄罗斯仍未能实现载人登月的梦想。

苏联宇航员和美国航天员在飞船对接时把两半部分合在一起的纪念章

1961～1983年共发射16个"金星号"探测器,考察了金星表面特性和大气层。1972年3月27日发射的"金星8号"于同年7月22日在金星表面软着陆,考察了金星土壤。1962～1973年共发射7个"火星号"探测器,有的进入火星轨道,有的在火星表面软着陆。1984年12月15日和27日发射2颗"金星-哈雷号"探测器,计划在1985年和1986年先后探测金星和哈雷彗星。

1986年2月20日,"和平号"空间站的核心舱发射升空。"和平号"是集前苏联第一代、第二代空间站的经验建造的第三

代空间站，是世界上第一个多舱空间站。它使过去的"一居室"变成所需的"多居室"，扩展了航天员的活动空间。"和平号"共有6个对接口，可同时与多个舱段对接。到1990年，前苏联只为"和平号"核心舱增加了3个对接舱，即1987年与核心舱对接的"量子－1"（载有望远镜和姿态控制及生命保障设备）、1989年对接的"量子－2"（载有用于舱外活动的气闸舱、2个太阳电池翼、科学和生命保障设备等）、1990年对接的晶体舱（载有2个太阳电池翼、科学技术设备和一个特别的对接装置，它可与美国航天飞机对接）。

随着前苏联的解体，40年苦心经营和建立起来的航天体系和航天基础受到重创。所有航天机构和设施被独立后的加盟共和国切割瓜分，归为己有，使得曾有效执行航天计划的统一体系四分五裂，协作纽带断裂，管理处于混乱状态，工作几乎陷入瘫痪，结束了这段辉煌的航天历史。

"当我乘坐飞船在地球轨道上运行时，
我为地球的美丽而惊奇。地球上的人们，
让我们保护并增加她的美丽，而不是去破坏她！"

——尤里·加加林

俄罗斯航天战略的转变

前苏联解体后，俄罗斯航天业瞬间失去了国家大量资金的支持，陷入困境。每年6亿美元的预算，不仅根本无法与美国相提并论，而且也无力维持前苏联留下的航天"大摊子"。俄罗斯的

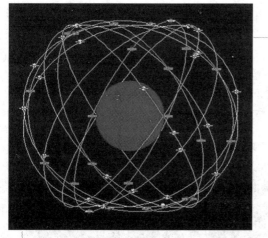

俄罗斯"格洛纳斯"全球卫星导航系统示意图

航天业基本停留在"吃老本"的阶段，因此不得不重新审核航天计划和不断加强国际合作。俄罗斯航天局在研的72项航天计划虽然都处于维持状态中，但依靠以往雄厚积累的支持，无一下马，只是发展速度和水平不同。优先发展项目的选择标准是短期内能够获得最大盈利、成果的质量、项目实际完成可能性等。发展民用和增加国际合作是俄罗斯航天局获得额外资金的主要途径。

在航天科技民用化方面，俄罗斯已经取得了一定进展。截至2006年，俄罗斯共实施了6个大型的航天军转民改造项目，代号分别为"起飞-1"、"轰鸣"、"波浪"、"无风"、"天箭"和"第聂伯"。但俄罗斯航天科技中最值得一提的军民两用项目无疑

是"格洛纳斯"卫星导航系统项目。"格洛纳斯"全球导航卫星系统计划始于 1982 年。由于前苏联的变迁，该项目几度陷入困境，直到 1993 年 9 月由 12 颗卫星组成的"格洛纳斯"第一批系统才开始应用于军事目的。根据计划，2009 年在近地轨道上由 24 个卫星组成的"格洛纳斯"全球导航卫星系统将全面开始工作。对于"格洛纳斯"民用项目，俄罗斯领导人态度十分明确，俄罗斯前总统普京曾指出，国防部应使全球导航卫星系统达到能为普通民众所用。

667型 "新莫斯科夫斯克号" 核潜艇

20 世纪 90 年代之后，全球卫星发射市场迅速扩大，利润剧增。俄罗斯凭借自己可靠和廉价的运载火箭，还有经过改造就能用来发射卫星的洲际导弹，开始进军世界航天发射市场，在全球卫星发射市场上与欧洲阿丽亚那公司和美国发射公司一决雌雄。2000 年，"新莫斯科夫斯克号"潜艇发射"浪潮"导弹，成功地

将德国的两颗科研卫星送上轨道。

进入新世纪以来，俄罗斯经济迅速恢复，航天的战略意义重新得到俄联邦政府的重视。根据俄罗斯联邦航天局 2007 年新公布的计划，俄载人航天将在 2040 年前实现三大突破：一是加强空间站建设，俄计划于 2015 年前完成国际空间站本国舱段的建设，于 2025 年前在近地轨道建成有人驻守的空间站；二是着手研制可多次重复使用的新型载人飞船，用于载人绕月飞行；三是加紧登陆月球和火星，在 2025 年前登月，2032 年前建立月球长期考察站，2035 年后登陆火星。这些雄心勃勃的计划，显示了俄罗斯重返国际空间领域领头羊位置的决心。但也有分析认为，俄罗斯的载人航天计划尽管雄心勃勃，但在实施过程难免会遇到资金难题，因此可能会积极寻求与其他国家合作。

从"和平号"到国际空间站

2001 年 3 月 21 日，当"和平号"空间站飘落至 220 千米的坠落前极限轨道时，美国"发现号"航天飞机正搭载着国际空间站上的首批长住居民返回地面。在"和平号"黯然神伤地告别太空之际，国际空间站开始书写自己的辉煌。这一特殊的"交接仪式"仅仅是历史的巧合，但却连接起人类探索外空事业的完整乐章。

世界各国航天计划与太空实验

"和平号"空间站不辱使命

在"和平号"刚满 5 岁时遇上了前苏联解体，剩余任务转移给了俄罗斯。1995 年，俄罗斯发射"光谱号"（载有太阳电池翼和科学设备）和一个对接舱（停靠在"晶体号"对接口上，用于与航天飞机对接），与"和平号"对接。1996 年 4 月 26 日，发射最后一个舱体——

"和平号"空间站

"自然号"（载有对地观测和微重力研究设备），与"和平号"对接。至此"和平号"在轨组装完毕。全部装成的"和平号"

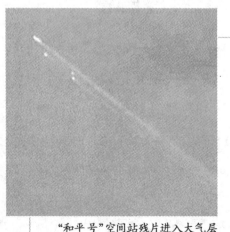

"和平号"空间站残片进入大气层

空间站全长 87 米，质量达 123 吨，有效容积 470 立方米。

从 1986 年第一个舱段进入轨道到 2001 年的 15 年中，"和平号"绕地球飞行了近 8 万圈，行程 35.2 亿

千米。先后有 12 个国家的 100 多位宇航员登上"和平号",其中外国宇航员就有 62 个。这倒符合了俄文"和平"的另一个含义"世界"。"和平号"成了名副其实的"世界号"了,成了实际上的国际空间站。宇航员们在"和平号"上开展了天文观测、空间生命科学、空间加工工艺、新材料和生物产品的制备等多个领域的 16500 次科学实验和研究。

1999年1月26日,俄罗斯宇航员与美国"奋进号"航天飞机的宇航员聚集在"和平号"空间站舱内合影

"和平号"的原设计寿命为 5 年,但它在太空运行了 15 年,超期服务了 10 年。后由于设备老化,加之俄罗斯资金匮乏,从 1999 年 8 月 28 日起,"和平号"进入无人自动飞行状态。2001 年 3 月,在人工控制下葬身南太平洋。全世界的航天界人士都为之惋惜,人们将会记住它为载人航天事业所作出的巨大贡献。

世界各国航天计划与太空实验

国际空间站再续辉煌

在"和平号"巡行太空的同时，美国国家航空航天局在 20 世纪 80 年代提出了建造国际空间站的建议，即在国际合作的基础上建造迄今为止最大的载人空间站。经过近十余年的探索和多次重新设计，直到前苏联解体、俄罗斯加盟，国际空间站才于 1993 年完成设计，开始实施。

该空间站以美国、俄罗斯为首，包括加拿大、日本、巴西和欧空局（11 个国家）共 16 个国家参与研制。建成后的国际空间站工作寿命 10 年 ~ 15 年，总重量 423 吨，长度 108 米，

1975年，"联盟19号"飞船乘员列昂诺夫和库巴索夫在拜科努尔发射场

建设中的国际空间站

宽度 88 米，面积约为两个足球场大小。其增压舱近似等于两架 747 喷气式客机的客舱体积，可供 6 名航天员长期考察。预计，国际空间站将于 2009 或 2010 年最终建成。

1998年11月20日,"曙光号"货舱靠近空间站

美"团结号"节点舱实现与"曙光号"的对接

"星辰号"服务舱中的水罐

1998年11月20日,俄"曙光号"功能货舱被成功送入轨道;12月4日,美"团结号"节点舱实现了与"曙光号"的对接。随后美、俄火箭进行多次发射,运送舱段、设备等,使空间站初具规模,可供宇航员长期居住,并具备了开展科研工作的条件。

2000年7月12日,俄罗斯成功发射了国际空间站服务舱"星辰号",并与空间站联合体顺利对接。该舱使空间站能够接待长期宇航考察组,加快了整个工程的建设。同年11月2日,美国人谢泼德与俄宇航员克里卡廖夫和吉德津科搭乘"联盟号"TM-31飞船从拜科努尔航天发射场升空,他们成为国

际空间站的首批长期住户。

2003 年 2 月 2 日，也就是"哥伦比亚号"坠毁第二天，俄罗斯从拜科努尔发射场发射了"进步-M47"货运飞船。4 日，飞船与国际空间站成功对接。正在空间站工作的 3 名宇航员收到了2568 千克的食品、燃料、科研装置和邮件。俄罗斯准备增加飞船发射次数的同时，正在考虑削减计划中的商业发射，以全力保证国际空间站的建设和长期考察团的往返。

俄如此重视国际空间站的建设并非偶然。这虽说是一个国际合作项目，但是在俄罗斯宇航事业中占有举足轻重的地位。20 世

俄罗斯"进步号"货运飞船正运往发射台

纪 90 年代初，随着前苏联的解体和经济危机的发生，俄罗斯宇航业陷入前所未有的困境。当时，计划建立太空站的美国宇航业也面临资金和经验不足的问题。冷战的结束为昔日的对手在太空的合作提供了契机。1994 年，美俄两国宇航局签署协议，决定通过部件组装的方式联手建设新的国际空间站。

国际空间站的主要任务

国际空间站是人类历史上规模最大、功能最完备的轨道设施。它可以完成包括空间科学研究、对地观测、天文观察、技术开发等在内的各类空间科学技术活动，还将探索空间工业化和商业化的前景。根据介绍，国际空间站可以完成以下任务：

一、蛋白质晶体研究。在无重力条件下，蛋白质晶体可以比在地球上生长得更纯净。通过对这些晶体进行分析，科学家们可更好地了解蛋白质、酶和病毒的性质，并可能由此而开发出新药，同时加深对生命的基本构造的认识。

二、生物反应器研究。在实验室环境下进行活体细胞的体外生长称为"组织培养"。在空间不受重力干扰的条件下，细胞组织的生长可能会更真实。

三、微重力下的医学研究。研究长期处于微重力状态下微重力对人体的有害影响，其中包括肌肉萎缩、心血管功能失调和骨质疏松等。这项研究属于生物医学范畴。国际空间站上还将研究微重力对植物、动物和活体细胞功能的影响。

四、火、流体和金属在空间的特性。火、流体、熔融金属和其他材料都将是国际空间站的基本研究对象。由于没有对流，轨道上火焰的表现方式发生了变化，也使人们可以按地面无法实现的方式研究燃烧过程。

五、空间环境特性。国际空间站上的一些实验将在暴露的空间环境下而非实验室中进行，此项研究可使未来的航天器设计人员和科学家更好地了解空间的自然特性。暴露实验还可以用来研究基础物理学领域的基本自然力，即利用无重力条件研究那些在地面实验室中因有重力作用而难以实施研究的很弱的力。

六、地球观测。科学家在利用国际空间站观测外空的同时，还将利用它作为平台来研究下方的地球。

与西班牙共建世界空间观测所

2007 年，俄罗斯联邦航天局与西班牙工业技术发展中心共同签署了在建造世界空间观测所（电磁波谱紫外线区、段）的框架下合作开展对天体物理学研究的协议。在 2006 ~ 2015 年俄联邦空间计划中，也同样将电磁波谱紫外线研究确定为指定研究项目。

俄罗斯联邦航天局建立世界空间观测所的目的是为了建立一个类似于意大利国际理论物理中心的国际天文台，以便开展对宇宙空间各种不同的研究，观测范围限制在紫外线范围内，主要针对太阳系行星的形成和演变过程，太阳系行星的化学成分的研究，以及地球大气层的观测与研究。

在这次合作中，西班牙工业技术发展中心将提供经费用于建设地面遥控中心、管控中心与科学分析研究中心，并支付天文台

工作期间运行的全部费用。

俄方将由俄联邦地球物理科研生产联合体与俄科学院天文学院实施建立空间观测所项目的技术支持部门。地球物理科研生产联合体是俄罗斯生产红外光学、激光仪器的重要企业，它将作为牵头机构负责在复杂空间观测设备与俄罗斯境内观测所的设备制造与提供。俄科院天文学院主要负责创立陆地科学分析研究中心的整套科研设备以及实现科研计划与电磁波谱紫外线研究。

西班牙科研团队主要负责科研项目的管理与航空控制项目研究，西班牙马德里大学的研究团队将参与整个科研项目。

"火星500" 飞行模拟计划

火星是距离地球最近的行星，与地球的距离在 8000 万千米以上，最近时在 5000 万 ~ 6000 万千米。探测器从地球飞往火星

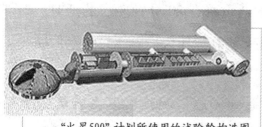

"火星500"计划所使用的试验舱构造图

需要近一年的时间，较好的发射窗口每隔一年才有一次，从火星返回地球也要隔一年半才有合适的时机，因此，进行载人登陆火星飞行来回所需要的时间至少在 2 ~ 3 年以上。而要进行如此长时间的载人空间飞行除了技术问题外，如何使宇航员在长时间的空间飞行中保持心理稳定和身体健康也是一大难

— 83 —

题。俄罗斯为此提出了"火星500"计划。科学家希望通过这种试验了解未来火星飞行期间宇航员的心理状况、肌肉萎缩程度和免疫系统的变化情况，以及失重对他们骨骼的影响。

"火星500"于2008年正式启动。耗资1500万美元的"火星500"计划由俄罗斯航天局发起，实验场坐落在距莫斯科市中心不远的俄罗斯科学院生物医药研究所内。正式实验定于2008年底开始，将对载人火星飞行进行模拟，包括用250天"飞"往火星、在其表面上停留30天和240天的返程，整个实验最长可能持续700天。

实验期间，6名模拟宇航员将主要居住在一间体积为150立方米的起居舱内，每人有自己的舱房，共用一个起居室和一个厨房。他们实验期间所需的全部食物和水也将提前准备好。除起居舱外，模拟太空船还拥有生物医药舱和储物健身舱。太空船内不允许吸烟和饮用酒精饮料。船内没有电视，与世隔绝。为模拟真实情况，太空船与控制台的通讯将有20分钟左右的延时。整部太空船除起居舱和浴室外都安装有摄像头，以便科学家们随时了解舱内情况。

一旦实验开始，除非遇到紧急情况，模拟宇航员必须始终住在舱内。考虑到未来真正登陆火星时，3名宇航员需要在火星表面居住1个月。本次实验中，3名实验人员将居住在一间独立舱内。"登陆火星"前，6名模拟宇航员将在登陆舱内住上1个月。他们将保持仰卧姿势，头部比脚部稍低，以便

模拟失重状态。

根据俄罗斯"动力"火箭航天公司领导人尼古拉·塞瓦斯蒂扬诺夫的说法，俄罗斯希望在本世纪 30 年代将人送上火星。其载人火星飞行计划分为三步进行：第一步，在实现载人月球飞行计划后再进行火星飞船实验；第二步，向火星轨道发射飞船，实施载人火星轨道飞行但不着陆火星表面；第三步，发射载人火星飞船将宇航员送到火星表面进行实地探测研究。

俄新型航天器"快船号"

美国现有的航天飞机将到 2012 年完全退役，而美国计划建造的"乘员探索飞行器"要到 2010 年进入飞行试验阶段，2014 年才开始接替航天飞机，进行载人飞行。那么，从 2010 年到 2014 年，如何填补航天飞机的空缺呢？俄罗斯"快船号"载人飞船将挑起重担。

俄罗斯"快船号"载人飞船模拟图

"快船号"载人飞船是世界上第一种可回收性飞船，能重复使用 25 次，设计寿命 10 年。它最多能够载 6 名乘客并能够向轨道运送重达 700 千克的货物。它不仅能往来于国际空间站和地球之间，还可用于登陆月球、火星等其他星球。

2008 年，"快船号"最终设计完成。全尺寸的样机会在高空从飞机上释放，对着陆系统进行试验。2009 年，俄联邦航天局将利用"质子－M"运载火箭，从拜科努尔航天发射场一次性将两艘"快船"航天器送入轨道，实现俄罗斯各卫星系统 24 小时不间断信息传输。2010 年，在自动驾驶系统的控制下进行一次无人试飞。2015 年，开始载人飞行。不过据最新消息，该计划已因故终止。

行星探测器和重型通信卫星

俄罗斯行星探测的重点是火星和金星。按计划，俄罗斯将于 2014 年启动在火星建立 15 个小型科考站的项目。这种科考站实际上是一种微型科学观测台，规模较小，每个仅重 20 斤。由于其重量较轻，有利于发射，只需一枚运载火箭就可发射一定数量的此种观测台。俄罗斯设立的科考站将定期观测火星的气象条件及大气压力，从而建立起动态模型，用于为火星气候及大气状况变化提供说明。这些科考站未来还将用于为人类航天器着陆火星提供定位导航。

金星是地球的"姐妹星"

该项目已经列入俄罗斯联邦航天计划，有关部门将于 2014 年投入资金，相应的火星科考站建立工作将于 2009 年开始实施。

而金星是地球的"姐妹星"。自 20 世纪 60 年代以来，美国、前苏联及欧洲发射的探测器已经有 40 多个到达或者途经金星，获得了大量有关金星的科学资料。俄罗斯将于 2016 年发射探测器对金星进行考察。该科考项目已经列入俄罗斯联邦航天计划，有关部门将于 2010 年投入资金开始该项目的研发，而探测器的发射时间将定于 2016 年。该探测项目的主要目的是尝试揭开太阳系起源的秘密，查明太阳系诞生早期曾发生的变化。

俄罗斯在第七届莫斯科航展上展出的"快船"载人飞船模型

此外，按照俄罗斯 2006 年到 2015 年航天业发展计划，在 2015 年前，俄罗斯将发射 15 颗不同系列的新型通信卫星，其中包括"快船 – AM"系列重型卫星。"快船 – AM"系列用于更新俄罗斯现有的通信卫星系统，与之前的卫星相比，该系列卫星输

世界各国航天计划与太空实验

出功率大，设计寿命较长。俄罗斯"航天通信"公司目前正在制造俄罗斯首颗新型重型通信卫星"快船－AM4"，该卫星由俄罗斯国家赫鲁尼切夫航天科研生产中心设计，设计寿命为15年，计划于2011年投入使用。

2025年前实现载人登月

1959年9月14日，前苏联的无人登月器"月球2号"成为第一个到达月球的人造物体。此后20年间，前苏联先后开展了多次探月活动，并取得了辉煌的成就。然而，伴随前苏联的解体，俄罗斯经济发展一度停滞，在资金缺乏的情况下，俄罗斯航天被迫瘦身，其月球探索在这一时期几无进展。

俄罗斯联邦航天局局长阿纳托利·佩尔米诺夫（中）参观法属圭亚那库鲁航天发射场

进入21世纪后，石油、天然气等资源给俄罗斯带来了丰富的回报，俄罗斯再燃大国梦想，在这样的背景下，俄罗斯重新开启探月旅程。2008年8月，俄罗斯联邦航天局局长阿纳托利·佩尔米诺夫曾表示，俄罗斯将在2025年之前把航天员送上月球，并将在2027年至

2032年间建立常驻月球考察基地，至此俄罗斯的探月计划浮出水面。如果这一计划得以实现，那么每年从月球上开采10吨的氦－3运回地球，便会创造出400亿至2000亿美元的收入。

俄罗斯探月计划是一个开放的计划，它希望在保持本国既有优势的前提下，加强与美国和一些"探月后来者"的合作，以为本国空间技术发展创造一个更为良好的外部环境。但事情并不像俄罗斯航天规划者想得那样顺利。美国在2006年底宣布要建设月球永久基地后，俄罗斯曾表示愿意提供技术和经验，参与共建，但此举被美国"谢绝"。

在遭到美国的拒绝后，俄罗斯更加重视自身探月计划的制订和实施。虽然俄罗斯此前已表示将继续加强在航天探月领域的国际合作，并将为印度等"探月后来者"提供技术经验等帮助，但俄罗斯新的探月规划还是主要依靠自己的力量，在其制定的探月计划中也看不到美俄合作的内容。

俄罗斯前总统普京

俄罗斯在力争实现探月载人登陆的同时，还推出"探月旅行"来吸引那些有支付能力的富豪，以募集更多的资金。"探月旅行"是由俄罗斯政府控制的宇宙飞船制造商"能源"火箭航天集团提出的。到时，游客可在空间站内停留1周后将乘坐"联

盟"飞船飞往月球，大约 1 周后直接从月球返回地面。

俄罗斯联邦航天局

俄罗斯联邦航天局（简称 RKA、RSA），前身为俄罗斯航空航天局，是俄罗斯主管太空科学与各项太空研究的联邦政府机构，负责俄罗斯的太空计划，并承继前苏联的太空计划。

1992 年 2 月，俄罗斯总统叶利钦下令建立俄罗斯航天局，作为民用航天活动的管理执行机构，其任务是领导全俄为科学和国民经济服务的航天活动。从此，

普京为叶利钦佩戴勋章

俄罗斯的民用航天有了正式的部级政府独立管理机构。而国家防务和安全的航天活动仍由国防部领导。

1997 年以来，俄罗斯国内经济危机加剧，为减轻国防军费的重负，俄罗斯政府采取了一系列的改革措施，全面改组了航天产业结构，加快了航天商业化进程。1997 年，将火箭、军事航天和导弹防御三兵种合并。1998 年 1 月 20 日，叶利钦总统签发命令，将研制、生产导弹和军用航天设备的军事航天工业移交文职的俄罗斯航天局管理，其中包括俄罗斯军事航天活动管理权和 38 家

军工企业和21家控股公司的管理权的移交，而国防部将作为用户方起作用，其目的是使航天工业获得最大的经济效益。

从此，俄罗斯航天局成为集军事航天、民用航天和商业航天于一身的航天管理机构。1999年5月，叶利钦又下令将俄罗斯航空工业部的管辖权从俄罗斯经济部移交给航天局，同时将航天局改为航空航天局，从而结束了俄罗斯航空航天分立管理的历史。

2005年8月19日，俄罗斯联邦航天局局长佩尔米诺夫（左）向杨利伟颁发"加加林勋章"

2004年3月9日，俄罗斯总统普京签署了关于"联邦行政机构体系和结构"的命令，俄罗斯航空航天局改名为俄罗斯联邦航天局，并用2个月时间来进行新机构的组建。3月12日，俄罗斯航天部队司令佩尔米诺夫上将被任命为新组建的联邦航天局局长。联邦航天局将不再管辖航空领域的工作。

人类飞天第一人：尤里·加加林

1961年4月12日，身着90千克重的太空服，前苏联首位宇航员加加林乘坐重达4.75吨的"东方号"宇宙飞船进入太空，成为世界上第一个进入宇宙空间和从宇宙中看到地球全貌的人。

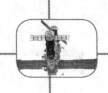

世
界
各
国
航
天
计
划
与
太
空
实
验

我一定要上天飞行！

尤里·加加林，1934 年 3 月 9 日出生于前苏联斯摩棱斯克州格扎茨克区的一个农民家庭。和大多数普通的男孩子一样，小时候的加加林有些顽皮、淘气，但他却比同龄的孩子更聪明，爱好也更为广泛。

上小学的时候，加加林参加了科技兴趣小组。在那里，他学会了制作航模，当看到自己亲手制作的航模在阳光下飞行的时候，他对太空的热情被一点点激发出来。当时正值前苏联卫国战争期间，偶然的一次机会，加加林见到了一架真正的军用飞机，年幼的他暗暗下定决心：一定要上天飞行，为国争光！

在理想的力量驱使下，加加林开始贪婪地学习航天知识，在恩师别斯帕洛夫的指导之下，他开始接触奥尔科夫斯基的作品，并被其思想所深深感染。

1951 年，加加林以优异的成绩毕业于柳别尔齐职业中学，成为受训冶金工人并继续在萨拉托夫工业技术学校学习。在此期间，加加林没有放弃自己的爱好，坚持在业余时间学习飞行。1955 年他从工业技术学校毕业后，作为优秀学员被选送到奥伦堡航空军事学校学习飞行。1957 年他又参军，并成为前苏联北方舰队航空军团的一名歼击机飞行员。

当前苏联第一颗卫星发射升空时，加加林正在航空学校深

造，得知这一消息的他十分激动，因为他觉得当一名真正的宇航员已经不再那么遥不可及了。当前苏联第二颗人造卫星上天时，加加林坚定了自己当宇航员的决心。在媒体报道卫星上天消息的第二天，他就申请加入宇航员预备队。1959年10月，前苏联首位宇航员的选拔工作在全国展开。加加林从3400多名35岁以下的空军飞行员中脱颖而出，成为20名入选者中的一员，并于1960年3月开始在前苏联宇航员训练中心接受培训。在训练中，加加林凭借坚定的信念、优秀的体质、过人的机智和乐观主义精神成为前苏联第一名宇航员，他离自己的人生目标又近了一步。

差一点被人替换

在前苏联紧锣密鼓地开展载人航天试验时，美国人也在积极准备将人类送入太空，不过他们使用的试验品和前苏联不同（前苏联使用狗作为研究对象），是猴子，而且当时全美都在大肆宣传，号称1961年5月2日将首次发射载人飞船。当时前苏联负责载人航天研究工作的宇航专家谢尔盖·科罗列夫当然不愿意让美国人抢了首航太空的头彩。尽管"东方号"飞船的总设计师认为，50%的成功概率还不足以进行载人航天飞行，但是科罗列夫还是决定铤而走险：领先美国人数周进行"东方号"载人飞船发射。

1961年3月30日，苏共中央再次收到宇航局的联合报告，要求进行载人航天飞行。1961 年 4 月 3 日，苏共中央同意其请求，定于 4 月 12 日进行载人航天飞行。

就在最后敲定载人航天员的时候，有人建议用尚未生儿育女的另一位宇航员季托夫替换加加林，因为后者已是两个年幼女孩的父亲。但是科罗列夫坚持选用加加林，并亲自对他进行了临飞前的测试。

在起飞的前一天，科罗列夫和加加林站在发射场金属梯的小平台上进行了一次简短而又意味深长的对话。科罗列夫语重心长地对加加林说："从高空看我们的地球一定非常美，有福气的人啊。您将是第一个在空中那么高的地方看到地球的人呢。"科罗列夫脸上的微笑随之变得凝重，"无论是发射还是飞行都不是轻而易举的。尤拉，你既要经受超负载，又要经受失重和我们预料不到的种种情况，明天的飞行肯定有很大的风险。这对你来说是老生常谈。"思索片刻之后，科罗列夫又哈哈大笑安慰加加林，"一切都会好的，我对成功有绝对的信心！"加加林立刻明白此次飞行对苏联，对世界的重大意义，他深感责任重大，坚定地说："我也是一样，我将全力以赴地完成这项光荣的任务！"

险象环生的首次飞天

因为谁也没有把握首航太空会取得成功，所以前苏联宇航部门为塔斯社预备了内容迥异的三篇稿子：一篇称首航获得成功，

另一篇称飞船未能进入预定轨道，第三篇称飞船失事，飞行员不幸遇难。

就在飞船升空前，科罗列夫安慰加加林说："尤拉，你不要紧张。不论你着陆到哪个角落，我们都能找到你。目前空军的战机已经升空进入戒备。为了预防飞船会着陆到境外，我们已经准备好了向世界各国要求协助搜救的呼吁书。"

9点零7分，火箭发射升空，一条火龙载着加加林直冲云霄。

108分钟的太空之旅可谓险象环生：飞船气密传感器发生故障（为此，发射前的数分钟内不得不先松开然后重新拧紧舱盖上的32个螺栓）、通信线路一度中断（本来应显示吉利的信号"5"，结果跳出个表示飞船失事的数字"3"）、第三级火箭脱离后飞船开始急剧旋转、返回时还惊现飞船胡乱翻滚的一幕……

身着宇航服的加加林

10点55分，加加林成功弹射出舱，在离飞船不远处着陆。一小时后便被搜寻人员发现。

谢尔盖·科罗列夫冒险成功，全世界人都看到了：第一个进入太空的是俄罗斯人尤里·加加林。

欲与天公试比高
Yu Yu Tian Gong Shi Bi Gao

世界各国航天计划与太空实验

欧洲宇航，着眼深空探测

　　和其他航天势力不同的是，欧洲航天局太空探索重点不在载人航天上，而是一系列深空探测计划。作为太空中一支越来越惹人注目的奇葩，欧洲空间局向深空迈进的脚步正在把同行们甩得越来越远。而且，欧洲航天局的一系列太空活动使人们看到的是更多的科学探索精神与国际合作精神，而不是太空竞争色彩。

欧洲的航天战略

　　冷战结束后，全球信息技术的迅速膨胀，不断拓宽了空间技术的应用领域。20 世纪 90 年代，欧洲航天局参加了美国主导、多国参与的国际空间站计划，试图以这种"省力"的方法，提升其载人航天水平。然而，由于国际空间站费用远远超出预算，而各方在费用分摊上难以达成一致，空间站建设速度非常缓慢，这导致欧洲部分载人航天活动无法按原计划实施。

　　为了摆脱这种不利局面，欧洲航天局制定了新的载人航天战略，更加强调自主发展。首先，成立航天员培训中心，欧洲航天

局的航天员既积极参加美国航天飞机的搭载飞行，也积极参加俄罗斯的轨道站飞行，为将来自主飞天做人员准备。其次，研制乘员运输飞行器和自动转移飞行器，为将来自主飞天做技术准备。前者类似于美国的阿波罗飞船，可作为国际空间站的救生飞船；后者是一种小型拖船，装在阿里亚娜－5火箭上，可把载人飞船送往国际空间站。

欧洲金星快车

　　在过去许多年中，除法国外，多数欧盟国家的空间开发经费一直维持在一个非常低的水平，而各国政府对欧洲航天局的支持却一直保持在较高的水平，许多国家政府向欧洲航天局计划提供了其国有资源的80%～100%，并放弃了国内项目。1999年5月举行了欧盟部长级会议，各成员国对欧洲航天局的支持达到顶峰。

　　2000年11月，欧洲航天局宣布实施欧洲航天战略，该战略

世界各国航天计划与太空实验

是欧洲在通信、导航和地球观测等不同领域开发利用卫星技术的框架性文件。2004年欧盟与欧洲航天局签订框架性协定，规范两个机构间的关系，并颁布了欧洲航天政策白皮书。

此后，欧洲的航天事业如火如荼地开展起来。2003年6月，欧洲航天局深空探测器"火星快车"出发飞向遥远的火星，顺利进入火星轨道并展开了一系列探测活动。2003年9月，探测器"智能1号"进入月球轨道，并开展了各项探月工作。2005年，探测器"惠更斯号"在"卡西尼"的搭载下顺利着陆，在"土卫六"上触地得分。2006年，欧洲航天局通过探测器"金星快车"在金星南极发现奇异大气双漩涡，这一发现将帮助人们理解导致全球变暖的机制，并可能会对解决地球上人为的气候变化有启示。2007年6月，欧洲航空防务和航天公司在巴黎展出了该公司研发的太空飞机的原型机。该飞机计划2012年投入使用，主要用于搭载游客完成短期太空游。2008年4月，以法国著名科幻作家儒勒·凡尔纳的名字命名的欧洲第一艘自动货运飞船（ATV）与国际空间站实现了自动对接，为空间站送去约8吨货物。

未来十年里，欧洲航天局还有如下太空探索计划：2009年至2012年间发射两颗GAIA卫星，用于精确测量太空中十多亿颗恒星的位置，了解银河系的起源和历史；2010年启动"莉萨"计划，发射3颗卫星，组成一个边长为500万千米的巨大三角形，它们之间将以激光束相连，获得引力理论的事实证据；2010年后

启动达尔文计划，在距地球几光年之遥的太空寻找生命存在的踪迹；2013 年左右发射埃丁顿卫星，寻找遥远星系的小行星。此外，欧洲航天局还将开展太阳探索计划，获得太阳极地变化活动的清晰图像，了解太阳两极的有关情况。

伽利略计划

在上世纪 90 年代的局部战争中，美国的 GPS 出尽风头。利用 GPS 系统提供定位的导弹或战斗机可以对地面目标进行精确打击，这给欧洲国家留下了深刻印象。为了减少对美国 GPS 系统的依赖，同时也为了在未来的卫星导航定位市场上分一杯羹，欧洲国家决定发展自己的全球卫星定位系统。

欧洲伽利略导航定位示意图

经过长达 3 年的论证，2002 年 3 月，欧盟 15 国交通部长会议一致决定，投资 36 亿欧元，启动"伽利略"导航卫星计划。计划实施的成果——伽利略定位系统（Galileo Positioning System），将是继美国现有的"全球定位系统"（GPS）及俄罗斯的 GLONASS 系统外，第三个可供民用的定位系统。它由分布在 3 个轨道上的 30 颗卫星组成，与 GPS 类似，可以向全球任何地点提供精确定位信号。

按照计划，第一颗用于测试的卫星于 2005 年年底在白俄罗斯的拜科努尔基地发射升空，2006 年"伽利略"系统进行正式部署，2008 年整个系统完工，正式为客户提供商业服务。全球的用户将使用多制式的接收机，获得更多的导航定位卫星的信号。

"伽利略"系统主要针对民用市场，设计者把为民用领域的客户提供高精度的定位放在了首要位置。与美国的 GPS 相比，"伽利略"系统更先进，也更可靠。它可以为民用客户提供更为精确的定位，其定位精度可以达到 1 米，而 GPS 只能达到 10 米。一位军事专家形象地比喻说，GPS 系统，只能找到街道，而"伽利略"则可找到家门。伽利略计划的实施，将结束美国 GPS 独霸全球卫星导航系统的垄断局面。

但由于面对的是 GPS 这个运行超过 20 年的市场垄断者，"伽利略"系统的市场开发难度之大可想而知。因此，"伽利略"计划采用开放合作的模式，通过吸收合作伙伴来扩大市场份额。2003 年 9 月，中国加入"伽利略"计划，成立了由多家公司参股的"伽利略"卫星导航有限公司，并在此后的几年间共投资

2.3 亿欧元。2004 年 7 月，以色列成为"伽利略"计划的合作伙伴。2005 年 6 月 3 日，乌克兰加入了"伽利略"计划。2005 年 9 月 7 日，印度加入"伽利略"计划，参与建设基于欧洲地球同步卫星导航增强服务系统（EGNOS）的区域增强系统。除此之外，不少国家如韩国、阿根廷、澳大利亚、巴西、加拿大、智利、日本、马来西亚、墨西哥、挪威、巴基斯坦、俄罗斯等，也都陆续加入了"伽利略"计划。

火星快车

"火星快车"探测器由欧洲航天局耗资 3 亿欧元研制，重达 2 吨，上面携带了欧洲各国的 7 台科学仪器。

按计划，它于 2003 年 6 月发射上天，在进入地球轨道后，将环绕地球飞行 90 分钟，再由专门的动力火箭将其送入真正的星际空间。经过长达 6 个月的星际远航，"火星快车"最终于 2003 年 12 月 26 日到达火星附近，此时，它的主发动机点火，降低

火星表面

飞船速度，直到低于火星的逃逸速度，这样飞船就可以插入到一条非常椭圆的火星俘获轨道上。"火星快车"就从轨道上对火星进行全火星年（669 个火星日，相当于 687 个地球日）观测，主

世
界
各
国
航
天
计
划
与
太
空
实
验

要任务是对火星表面进行拍摄。

然而，俘获轨道的倾角并不完全符合科学家需要的轨道倾角，并且它的远火点对于观测而言距离过远。因此太空船还要经

欧洲"火星快车"探测器

历一次调整，使其进入一个更为合适和接近火星表面的极轨道（轨道倾角87度）。这个调整的实现由主发动机的4次点火来实现。首先是在远火点点火，以改变轨道倾角，然后是在近火点点火（离火星表面250千米的最近点）以减少远火点的高度。

"火星快车"将以每6.7小时环绕火星一周，从11583千米远的远火点（440天后将会降为10243千米）行驶到距火星表面不到250千米的近火点。当到达近火点时，"火星快车"会"转身"，面向火星，从而使它携带的7种科学仪器可以执行测量任务，并且它的高性能天线也可以接受来自火星表面的"猎兔犬－2号"登陆车发送的数据。当飞船远离火星时，它的天线又将会

指向地球，以便与地面控制站进行通信。

"火星快车"抵达轨道后，它携带的"猎兔犬－2"着陆器将与探测器分离，并借助减速伞在火星赤道以北的伊希迪斯平原降落，对当地的火星表面进行为期180个火星日的考察。

金星快车

"猎兔犬－2"着陆器重45千克，可以挖掘几十厘米深的火星表层土壤，并对土壤颗粒进行分析，分辨出180种盐分、矿物质、水和有机物质。此外，着陆器还可以记录火星大气温度、气压和风速等有关数据，并将收集到的信息发送回地面。

"火星快车"，包含一系列的基本部件——轨道飞行器及相关其设备、登陆车、一个地面及数据处理站的通信网，还

有运载火箭自身。这些设备都是由欧洲航天局和业内的经验丰富的工程师团队以及数以百计的世界各国的科学家来支持和维护的。

　　这个任务的主要目标是从轨道上搜寻火星的地下水踪迹，并在火星表面放下一个登陆车。在火星轨道上飞行的太空飞船，携带了7种科学仪器，将会执行一系列的遥感试验，这些试验将进一步阐释火星大气、结构和地质的具体情况。

"猎兔犬2号"火星探测器登陆火星的模拟图

　　至2008年，"火星快车"已检测出火星中的甲烷含量及火星上有水的大量证据。除了科学方面的任务，"火星快车"还提供地球与其他国家部署的登陆车之间的通信中转服务，由此成为国际火星探索工作的枢纽部分。

"罗塞塔号"彗星探测器

1986 年哈雷彗星来临时，曾有一群国际太空探测器被送去探测彗星，其中最重要的是欧洲航天局非常成功的 Giotto。在探测器传回大量丰富有价值的科学资料后，明显地需要增加更多探测器以了解复杂的彗星成分以及解决新增加的问题。

1991 年，"罗塞塔彗星彗核取样计划"被列入了欧洲航天局和美国国家航空航天局的计划之中。一个以

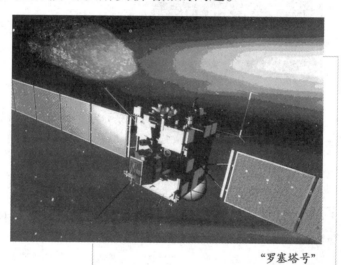

"罗塞塔号"

"罗塞塔"命名的彗星探测器将把一个着陆器和一个返回舱送到特定彗星上面。然后，着陆器将在彗星表面提取样品，返回舱把这些样品带回地球。

"罗塞塔号"由两个主元件组成：罗塞塔探测器及菲莱登陆器。探测器以罗塞塔石碑来命名，希望此任务能帮助解开行星形成前的太阳系的谜。登陆器以尼罗河中小岛的名字菲莱命名，有

— 105 —

一块方尖碑在那里被发现且可以协助解读罗塞塔石碑。

科学家希望"罗塞塔号"成为天文学的"罗塞塔"石碑，提供彗星保存了数十亿年之久的太阳系初期信息。并通过研究这些信息，打开通向太阳系古老历史的大门。

发现于尼罗河的罗塞塔石碑

因为更多的质量及随之增加的撞击速度使登陆器设备必须修改。在2003年1月12日和2004年2月26日两次发射尝试取消后，罗塞塔终于在2004年3月2日格林尼治时间7：17发射。除了发射时间与目标的改变外，这个任务几乎保持一样。它将用10年的时间去追赶丘留莫夫－格拉西缅科彗星，并最终在彗星的上空停留，成为这颗彗星的人造卫星。

"罗塞塔号"装备了一对各长14米的太阳能电池阵列，有超过60平方米的面积。最低可以提供400瓦的功率。"罗塞塔号"的着陆器"菲莱"将在丘留莫夫－格拉西缅科彗星的彗核表面钻一个深度超过20厘米的洞，从彗核的表层以下提取物质，然后放到显微镜下研究。环绕彗核飞行的将近两年时间里，"罗塞塔号"还将目睹彗核逐渐接近太阳的时候，彗核上的物质（主要是冰）逐渐升华，形成彗发和彗尾的过程。

2007年2月25日，"罗塞塔号"安排了一次低高度通过火星，因为第一次发射被拖延了一年而必须修正轨道。这并不是没有风险的，因为估计飞越高度仅仅只有250千米。此外，因为太空船在火星的远端，在那里它将有15分钟无法接收到任何太阳光，因此不能使用太阳能板。所以太空船因此将进入待命模式，不可能进行通讯，必须靠并不是为了这个工作设计的电池飞行，因此这项火星附近的调动被昵称为"十亿美元的赌博"。

"罗塞塔号"经过地球和火星模拟图

在2014年5月，"罗塞塔号"太空船将进入一个非常慢的轨道环绕彗星并且渐渐降速，准备放出登陆器接触彗星本身。登陆器将会以1米/秒的相对速度接近并接触表面，两个渔叉将被投射至彗星以避免登陆器弹跳出去。为更进一步将登陆器固定在彗星上，将会利用几次钻孔。

2014年11月，登陆器一旦附着在彗星上，将开始科学任务，

世界各国航天计划与太空实验

整个任务将在 2015 年 12 月结束。

织女星运载火箭

织女星火箭，它的名称源自织女星（Vega），是一种不可重复使用的火箭，由意大利太空总署及欧洲航天局自 1998 年合作研发，计划于 2009 年首次发射。其承载能力可将 1500 千克的太空船送至 700 千米的太阳同步轨道。

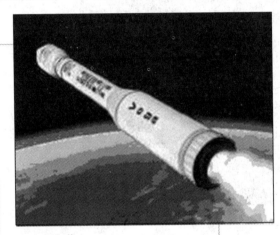

织女星火箭

织女星火箭主要设计用来发射小型卫星，如重量在 300 千克到 2000 千克之间的科学卫星或地球观测卫星，它可将此类卫星送至太阳同步轨道或低地球轨道。

织女星火箭为无辅助火箭的三级式固态火箭及末端节液态火箭，P80 固态火箭为其第一级；契法罗 23 火箭（Zefiro 23）为第二级；契法罗 9 火箭（Zefiro 9）为第三级；而末级的液态火箭称之 AVUM。P80 固态火箭的技术也将用于未来亚利安火箭的设计。

按照计划，将来升级的织女星运载火箭将新的第三节及第四节火箭的燃料改为液态氢/液态氧，此种方法可降低成本和建立新的指挥系统。织女星运载火箭的最终目标是升级到可承载 2000 千克到极地轨道。

KEO 计划

所谓 KEO 计划，就是邀请现今地球上每个人向 5 万年后的子孙抒发感受，内容不超过 6000 个字符（相当于 3000 个汉字），信的内容可为：分享经验，抒发愿望，吐露梦想，揭开恐惧，表达信仰，提出质疑，等等。所有这些信息将被存放到若干张光盘里，然后借助一颗卫星将光盘送入太空保存起来，并于 5 万年后重返地球，再会我们遥远的子孙。

由艺术家发起的 KEO 计划

据 KEO 计划的发起人法国艺术家菲利浦介绍，"KEO"这三个字母取自地球上几百种语言里，使用频率最高的三个发音，它可以从任何一个能发声的人的喉咙发出，同时，它也是一个绝对中立的词语，与任何一个已知的人类神话都无关联。

菲利浦在一次演讲中道出了他发起 KEO 计划的初衷："今天的人们生活在一个既令人欣喜又让人沮丧的双重社会：我们欣喜

世界各国航天计划与太空实验

于斗转星移，欣喜于大自然和地球的美丽，欣喜于人类文明、技术、通讯的进步；同时，我们又沮丧于死亡、战争、污染、财富与知识少数化、霸权政治……在发达国家，人们承受着工作、学习的巨大压力；在贫穷国家，人们为一日三餐奔波，以至都没有或极少有时间思索整个人类的未来。"

菲利浦希望，给每个人——无论他渺小或伟大，贫穷或富有，无知或智慧——一个平等的机会，让他们抽出一点时间来思索、审视、认识自己：我们是谁？今日备受挑战和争议的人性包含些什么？

KEO 计划期望能给人类另一个审度空间：500 万年前人类出现，50 万年前人类掌握用火，5 万年前人类进入艺术殿堂；现在让我们思考 5 万年后的问题：今日的人类对 5 万年后的子孙负有怎样的责任？我们将留给他们怎样的一个自然环境？

KEO 还提醒我们，仅占地球生物群 0.4% 的人类，对自己和其他生物负有责任：由于人类掌握着先进的科学技术和本身器官机能进化的优越性，她肩负维持整个地球生活环境的责任，这关系到未来的地球生命将生生不息还是惨遭灭亡。

送给人类子孙的礼物

携带 KEO 的卫星，被称为"未来考古鸟"。"未来考古鸟"将被安插两只翅膀。这对双翼由特殊的记忆合金制成，发射升空

时，它被折叠放在火箭仓里，进入太空后，在太阳热能的作用

KEO "未来考古鸟" 卫星模型

下，翅膀将自然展开，并随接受到的太阳光强弱变化而自动伸展
和收缩。因此，这只 "未来考古鸟" 在升空后尽管没有了额外推
动力，但在运转初期，双翅会做有节奏的 "拍动"，几年后，这
对不受任何保护的双翼才会消失，而卫星的球状主体将依靠惯性
继续它的旅程。在 "未来考古鸟" 的外表有一层抗氧化、抗宇宙
射线、能抵挡陨星和星际碎片撞击的保护层。这层保护装置是一
个球状外壳，直径大约50厘米，上面刻有现今地球的地理状况，
包括陆地与海洋、人类聚集的地方、未开垦的荒地。

　　而在 "未来考古鸟" 的内部，我们的子孙将发现我们留给他
们的珍贵礼物——一些具有现代人类象征意义的记号，主要是现

代人的万卷书信。万卷书信的内容为现今 60 亿人（这是 KEO 计划的理想数字）所提供的所有信息，通过数码方式刻在光盘上，作为最宝贵的礼物送给未来人类。

我们的未来子孙将在 KEO 的内部找到一张刻有不同种族的男人、女人及小孩面孔的玻璃光盘。或许随着时间的流逝和各种族通婚的趋势，种族差异也将日渐缩小，5 万年的时间足以让人类进化得面目全非。我们有必要让未来人类看到今天人类的面部特征。这张光盘里面还将刻有以声音、图像和文字等形式保存的 KEO 发射时地球上的状况：我们所掌握的知识、动植物品种、各地音乐、最近几千年的艺术作品等等信息。它们一起构成"亚历山大现代图书馆"。

此外，KEO 内部还将装载一颗人造钻石和刻有 KEO 升空时太阳系各星球的准确位置图的玻璃板。人造钻石里含有海水、空气、土壤和人类血液，其中海水、空气、土壤是地球组成的重要元素，人类血液则是地球生命的见证。而玻璃板上的位置图，是为了让未来子孙推算出 KEO 的发射时间而设置的，同一行星座位图要经过 2 亿 5 千万年才重复一次。最后，KEO 还为人类未来的子孙所提供的一份"使用说明"。说明由 100 多幅示意图构成，引导他们发掘其中的含义。所有这些都是当今人类特征的诠释。它包括了当今人类掌握的科学知识的水平、思考的能力以及文化所达到的高度。

KEO 计划的进展

2000 年，KEO 计划被联合国教科文组织列入"21 世纪工程"和人类遗产项目，并进入实施阶段。受命发射"未来考古鸟"的欧洲阿丽亚娜火箭原计划于 2001 年发射，后来几经迟延，最后定于 2009 年发射升空，这也使得信息传送汇集时间及宣传又增加数年。其间，2004 年 11 月 10～11 日，在西班牙马德里召开的第六届欧洲议会间

竖立在发射架上的
"阿丽亚娜"火箭

空间大会通过一项决议，号召所有欧洲人和国家政府作出必要的资金保证和支持，使这个 KEO 卫星靠欧洲的力量最终得以发射。

如果这一切顺利进行，这将是一个宝贵、庞大的数据库。它使人类有史以来第一次每个人都能分享全人类的思想，每个人都能看到今日人类从未表现出的另一面。KEO 计划组还打算通过文字处理和信息分析工具来分析这些信息，然后将它们按洲、语言、性别、年龄、文化及国籍分类整理。这些分析结果将免费通过媒体、学校、官方及非官方机构向全世界发送。这样，送给未来子孙的 KEO 实际上也是给当今人类的一份珍贵礼物，社会学、人类学、心理学等领域都可以借助这个庞大的数据库进行最大范

围的取样研究。

作为一项公益性活动，"KEO 计划"没有任何商业和政治、宗教色彩，它的开展和实施，完全要得益于各个国家、各个领域人士的帮助。其魅力在于，它很容易被一般人理解，而且它极好地支持了对太空活动的宣教。人们可以用这个例子来说明空间活动的许多方面：比如运载火箭、轨道、回归、太空状况等等。它关联到的不仅仅是工程技术方面的问题，还包含哲学的、法律的、艺术的和文化的主题。尤其在教育领域，因为 KEO 的科技、艺术、人道和梦想相结合的特点，被众多的教师视为绝好的教育题材，希望发掘 KEO 计划对学生的教育潜力，激发学生的好奇心和积极性。

"卡西尼－惠更斯号"土星探测器

"卡西尼号"土星探测器进入
土星轨道效果图

"卡西尼－惠更斯号"土星探测器是美国国家航空航天局、欧洲航天局和意大利航天局的一个合作项目，全部计划为期 11 年。项目中"卡西尼－惠更斯号"，是迄今携带核燃料最多的航天器，也是美

国航空航天局有史以来体积最大、造价最高的行星际探测器，其主要任务是针对土星、土星的迷人光环以及土星的冰质卫星，特别是其中最大的土卫六进行探测。

"卡西尼－惠更斯号"由"卡西尼号"太空飞船和"惠更斯号"探测器两部分组成，全部造价32.7亿美元。其中，"卡西尼号"太空飞船以意大利出生的法国天文学家卡西尼的名字命名，其任务是环绕土星飞行，并按计划向土卫六投放"惠更斯号"探测器。"惠更斯号"探测器是"卡西尼号"携带的子探测器，重317.5千克，长宽为2.75米，它以荷兰物

"卡西尼-惠更斯"号发射一瞬

理学家、天文学家和数学家克里斯蒂安·惠更斯的名字命名，其任务是深入土卫六的大气层，对土星最大的卫星土卫六进行实地考察。"惠更斯号"探测器也是人类第一个登陆土卫六的探测器。

1997年10月15日，"卡西尼－惠更斯号"从美国肯尼迪发射中心发射升空。这艘双层自控探测器计划2000年12月绕过木星，2004年7月开始绕土星作轨道，并将在土星轨道上将执行至少四年的探测

任务，其间向土卫六释放"惠更斯号"探测器。此前，"惠更斯号"探测器在美国"卡西尼号"飞船上沉睡了7年。

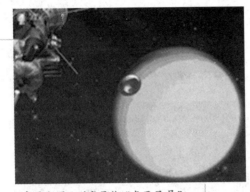

"惠更斯号"脱离母体"卡西尼号"

2004年12月25日，"惠更斯号"脱离位于环土星轨道的卡西尼飞船单飞，并于2005年1月14日在土卫六降落。在这段时间里，"惠更斯号"仍旧处于"睡眠"

状态，探测器内部停止工作，直至抵达土卫六前几小时才被定时器唤醒。根据计划，"惠更斯号"将登陆地点选在土卫六的南半球。

在距离土卫六表面1200千米时，"惠更斯号"将以2.2万千米/小时的速度冲向土卫六表面。前部的防热盾可以起到保护作

惠更斯探测器和卡西尼轨道器分离

用，避免它下降时与大气剧烈摩擦而烧毁。约在距土卫六地表面190千米处，探测器和防热盾分离。在距表面170千米处，探测器减速到每小时1400千米。此

后，"惠更斯号"分别打开三个降落伞。在距离土卫六表面229

米处，它会打开探
照灯，照亮土卫六
地表物体。

"卡西尼号"拍摄的土星

在两个半小时
降落过程中，"惠
更斯号"的仪器拍
下土卫六表面情
况、测量风速及压
力，以及分析大气层气体，这些采集到的数据会传回母船"卡西
尼号"轨道器上，为科学家们分析土卫六提供更加充分的数据。

"惠更斯号"探测器
的降落过程实际上也是一
个"自杀"过程。在降落
过程中，"惠更斯号"将
不断把采集到的数据传回
母船"卡西尼号"。如果
"惠更斯号"降落的卫星
表面是固体，它将在着陆
后继续向母船传送数据直

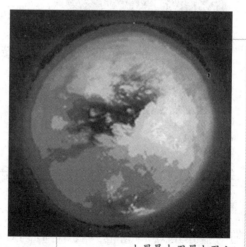

土星最大卫星土卫六

到电池耗尽，电池估计只能维持半个小时。

世界各国航天计划与太空实验

"智能1号" 月球探测器

"智能1号"（Smart 1 或 SMART－1），是欧洲航天局的首枚月球探测器，也是欧洲航天局"用于尖端技术研究的小型任务"系列计划（Small Mission for Advanced Research and Technology，其缩写形式恰好构成了英语单词"SMART 智能"）中的第一项研究项目。欧洲航天局用"SMART"为探测器命名，主要是因为该探测器执行的任务虽小，但研究的却全部都是目前最为尖端的技术。

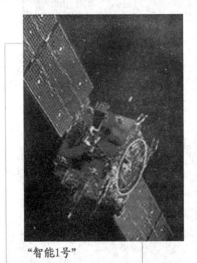
"智能1号"

SMART－1 是一个轻量级的探测器，横断面只有1米，发射质量367千克，消耗燃料后减少至287千克。总造价也很低，只有1亿1000万欧元（约合1亿2600万美元）。

SMART－1 采用太阳能离子推进器，能够产生的动力是传统化学火箭最大值的三倍。而且比传统化学燃料火箭更为持久。它随身携带的燃料储备只有惰性氙60升，总重量80千克。

作为"用于尖端技术研究的小型任务"计划的一部分，SMART－1 将会测试新的太空飞行技术，主要是测试太阳能离子推进器。它也将测试小型科学设备的使用，这些设备可能更为有

效。如果成功，这些技术将会在将来的欧洲航天任务中使用。

任务的第二个目标是获取关于月球的更多信息，例如月球是如何形成的这类问题。SMART－1将会对月球表面进行X射线和红外线遥感采样绘制地图，从不同的角度拍摄图片并依此即可建立月球表面地图的三维模型。另外，它还将使用X射线分光镜决定月球的化学组成，一个特别的目标是使用红外线搜寻月球南极固态水的存在，那里从未被太阳辐射直接照射过。它也将对月球的艾托肯盆地进行地图采样，该地形的山顶永久性的在太阳辐射之下，而周遭的环形山则永远处于阴影中。

"智能1号"探测器成功撞击月球

2003年9月27日，"智能1号"（SMART－1）在法属圭亚那由阿丽亚娜－5型火箭发射升空，成为欧洲第一个飞向月球的太空飞船。2004年11月2日，SMART－1绕行地球轨道的最后一个近地点。2004年11月15日，SMART－1绕行月球轨道的第一个近月点。2005 年 1 月 26 日，SMART-1 发回月球表面第一个近距离图像。2005 年 2 月 27 日，SMART-1 达到最终的环月轨道，轨道周期为 5 小时。2006 年 9 月 3 日，SMART-1 对月球表面进行了撞击，完成其最终使命。

SMART-1 是欧洲人的骄傲。它实现了很多世界第一，为欧洲乃至全世界的科学家提供了大量新的数据，为人类了解月球起源和探索宇宙作出了很大的贡献。

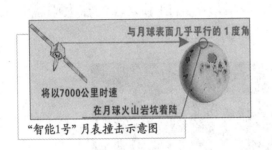

"智能1号"月表撞击示意图

SMART-1 是世界上第一个采用太阳能离子发动机作为主要推进系统的探测器，该发动机利用探测器自身太阳能帆板产生的带电粒子束作为动力。运用离子推进技术的发动机，从离开地球到最终到达观测轨道，一共只消耗了 75 千克的惰性气体燃料氙，燃料利用的效率比传统化学燃料发动机高 10 倍。

此外，SMART-1 上装备了高清晰度微型摄像机、红外线及 X 射线分光计等最新探测设备，这些设备自月球轨道拍摄并传回了月球表面的 2 万多张图像，其清晰程度前所未有，X 射线分光计也帮助科学家第一次获得了月球表面包括钙和镁在内的一些化学元素的含量数据。

SMART-1 长时间环绕月球极地轨道飞行，绘制了月球表面的整体外貌图，其中包括过去人们缺乏了解的月球不可观测面和

极地概貌。SMART－1 不但让科学界第一次发现月球极地与赤道区域的许多不同地质构造，也让人类第一次发现在接近月球北极存在一个"日不落"区域，这个区域甚至在冬季都始终有阳光照耀。

在发射过程中，SMART－1 利用其先进的太阳能电力推进系统点火，喷射出氙离子流，从而沿螺旋形轨道逐步增加其与地球之间的距离，虽然这种前进方式使原来地月间 38 万多千米路程增加到 1 亿千米，并且花费了十几个月，但旅途中它仅仅消耗了60 升的燃料氙。这种新的太空旅行理念通过 SMART－1 成为现实，从此揭开了人类探索太空新的篇章。

欧洲航天局

欧洲航天局（European Space Agency，简称 ESA，又译作欧洲太空总署），是一个欧洲数国政府间的空间探测和开发组织，总部设在法国首都巴黎。主要负责"阿丽亚娜 4 号"和"阿丽亚娜 5 号"运载火箭的研制与开发。

它的前身是欧洲航天研究组织（European Space Research Organization，简称 ESRO，又译作欧洲太空研究组织），于 1964 年 3 月 20 日建立。如今它仍旧是 ESA 的一部分，称为欧洲航天研究与技术中心（European Space Research and Technology Centre，简称 ESTEC，又译作欧洲太空研究暨技术中心），位于荷兰的诺德惠克。

世界各国航天计划与太空实验

欧洲航天局共有 18 个成员国，包括德国、奥地利、比利时、丹麦、西班牙、芬兰、法国、希腊、爱尔兰、意大利、卢森堡、

阿丽亚娜4型火箭的模型

挪威、荷兰、葡萄牙、英国、瑞典、瑞士和捷克。法国是其主要贡献者。目前，ESA 与欧盟没有关系，ESA 包括了非欧盟国家如瑞士和挪威。2008 年 11 月 14 日，欧洲航天局宣布，正式接纳捷克为该机构的第 18 个成员国，捷克也成为第一个加入欧洲航天局的东欧国家。

欧洲航天局共有约 1700 名工作人员。1999 年的预算约为 26.5 亿欧元。

欧洲航天局的发射中心是位于法属圭亚那的圭亚那发射中心。由于其距离赤道较近，使卫星发射至地球同步轨道较为经济（同质量下所需燃料较少）。欧洲航天局的控制中心位于德国的达姆施塔特。

下面我们来对欧洲几个主要国家的航天机构和航天方针做一个简要的介绍。

法国航天和法国航天研究中心

法国是欧洲航天局的主要成员国，除自行研制或与他国联合研制人造地球卫星外，还承担"阿里亚娜号"运载火箭的大部分研制工作，并负责建造圭亚那航天中心。20世纪70年代以来，法国航空航天工业获得稳步发展，已经形成了一个基础比较雄厚、技术比较先进、结构比较完整的教学、科研、设计和生产基本配套的航空航天体系，从业人数约为11万，销售额居欧洲首位。

第四十五届巴黎航天航空展上的"阿丽亚娜"运载火箭模型

法国航天研究中心（Centre National détudes Spatiales、CNES），是隶属于法国政府的太空研究组织，统一领导全法国空间活动计划，成立于1962年，总部位于巴黎，主要发射基地为圭亚那太空中心。下设有 3 个航天中心，图卢兹航天中心是其最主要的航天研究中心，专门从事技术项目管理、试验、轨道控制和操作、计算机中心业务。

法国航天研究中心负责统一协调和集中管理法国的航天活动，制定和实施法国所有的航天计划，既负责管理航天科研与工业，又负责大型航天试验与发射操作。同时代表法国参加欧洲航天局的航天项目，以及国内和双边合作的项目。在与欧洲合作中，代表欧洲航天局管理最大的航天运输系统计划（包括阿里亚娜火箭和"使神号"航天飞机），并参加欧洲航天局的应用和科学研制计划。

法国航天研究中心的主要任务范围包括：分析未来国际航天活动的发展方向，并提出法国及欧洲应采取的行动方案；贯彻政府的航天政策，负责落实法国或欧洲航天局的航天计划；提高法国航天企业的技术水平，通过将航天合同授予这些企业，使这些企业担当主承包商的角色；负责卫星轨道运行期间的轨道控制操作，并经营圭亚那的库鲁发射场，主要发射欧洲的阿里亚娜火箭。

英国的航天战略和航天机构

英国没有独立的火箭或探测器开发计划，但是参与到欧洲航天局的计划中。目前参与的项目有观察太阳风的"Cluster 2"计

划，哈雷彗星探测器"罗塞塔"计划，和红外线长距离航天望远镜"第一"计划。1986 年以来，英国是 14 个欧洲航天局成员国提供预算的第四大国家（占 1998 年总预算的 7.3%）。

从 1991 年起，英国政府开始制定国家航天政策，以规划英国航天业的未来发展目标及政策走向。1996 年，英国公布了航天业未来发展趋势的政策文件和航天计划，提出了英国民用航天活动的政策；1999 年，公布了 1999～2002 年航天政策和战略；2003 年又提出了英国航天 2003～2006 年及长远战略，获得了英国所有相关政府部门和研究委员会的一致认可。该战略中规划英国将在航天科学、企业和环境领域成为欧洲最成熟的用户，不断创新，开发、提供先进的航天系统和服务。

在欧洲航天局的资助下，英国的工程师们正在设计一种新的超音速客机

2008 年，英国国家航天中心公布了 2008～2012 年航天战略，该战略有两个总体目标：一是加强英国国家航天中心的机构建

设，重点在于重新审视现行英国国家航天中心咨询小组的架构，以保证能有最为有效的建议获取方式。二是建立国内和国际航天合作伙伴关系，实现这一目标的手段之一，是通过在英国建设一座国际性的航天设施来应对正在出现的新的应用领域，从而刺激外来投资。其次是提高英国从欧洲航天局各项计划上取得的投资回报，并以尽可能高的成本效益实现欧洲气象卫星应用组织各项任务的连续性，努力保证这些欧洲活动能以最佳方式为"全球气候观测系统"作出贡献。

英国的航天研究机构主要包括英国国家航天中心和英国宇航工业协会。

英国国家航天中心（British National Space Centre，简称 BN-SC）是英国政府统筹太空活动的中央组织，1985 年由 11 个政府部门及研究局派出代表组织，负责协调太空科学、地球观测、卫星通讯、全球定位系统等领域的研究，各部门轮流派出五十名公务员协助日常运作。目前参与中心运作的部门有贸易及工业部、运输部、国防部、环境食品部、教育部、外交及英联邦办公室，另外自然环境研究局、英国气象局、原子物理及天文研究局、拉塞福实验室亦有派人参与中心工作。

该中心的主要职责是：制定英国航天工业的方针政策与发展规划、计划；统一协调政府各部门及有关科研单位的航天活动；指导英国民用航天活动并制定未来空间政策。它代表了包括贸易工业部、国防部、科学与工程研究委员会和自然环境研究委员会

在内的政府部门的民用航天利益。英国国家航天中心下设国家遥感中心和两个卫星地面站。重点发展项目有：遥感技术及其应用，空间技术和通信卫星技术。

有别于各国的航天管理机构，BNSC 只扮演统筹角色，而无权制定太空政策。在英国每年约拨出 4 亿美元太空经费中，大部分都流向欧洲航天局。中心每年的预算只有 200 万美元。

英国科学家对中心缺乏独立能力一直提出反对。而中国及印度太空技术的提升也多次成为英国本土要求增拨太空预算的依据。2007 年英国皇家学会就曾公开呼吁政府成立一个近似美国国家航空航天局的组织，取代目前中心的职能。

此外，英国还有英国宇航工业协会（SBAC），为英国宇航业全国性贸易协会，代表英国的民用航空运输、航天国防和航天工业。该协会帮助其成员公司在全球范围内开辟新的业务，推动创新，增强竞争力，并在技术标准和认证方面提供相关服务。

意大利的航天研究

意大利拥有许多优秀的国家科学研究中心，并经常与国际科研机构合作开展研究项目。在良好的国际合作背景下，这些专门的国家研究委员会（Consiglio Nazionale delle Ricerche，CNR）配合完成国家研究课题。

意大利宇航局（Agenzia Spaziale Italiana，ASI），建立于 1988 年，负责制定和执行意大利国家空间战略。由于 ASI 的努力，意大利现在已成为世界领先的航空工业国之一，例如意大利是欧洲第一个、世界第三个发射自己卫星的国家。ASI 与美国国家航空航天局（NASA）在为国际空间站建造有史以来最大的空间实验室的项目上有紧密的合作关系。ASI 还参与火星探测、土星探测的国际合作项目，作为对欧洲航天局贡献最大的三国之一，奠定了意大利在欧洲的重要地位。

意大利航天航空研究中心（Centro Italiano Ricerche Aerospaziali，CIRA）成立于 1984 年，负责航空和航天方面的尖端研究，制定和执行国家航空航天研究项目。中心的主要任务之一是开发并向公司转让关键技术以提升其竞争力，并经常与国内国际研究机构建立合作关系。CIRA 在向航空航天业领域提供实验设施、发证和研究方面具有显著地位。

意大利航空航天工业以设计、制造中型和轻型飞机、直升机、人造地球卫星以及航天器的分系统或设备为主。直升机技术和空间技术都是意大利的强项。2000 年意大利民用航天投资约为 14000 亿里拉（约合 8.9 亿美元）；此间国内航天投资将超过对欧洲航天局的投资。意大利军用航天投资未来的增加速度相对比较缓慢，2000 年为 900 亿～1000 亿里拉（约合 0.6 亿美元）。

德国航天与德国航空航天中心

1998 年，德国对航天工业进行了重大调整，将德国航天局与航空航天研究院合并组建了德国航空航天中心（DLR）。

德国航空航天中心在德国八个城市有三十个实验室，测试运行设施，雇用了 4500 多名员工。由 DLR 负责的德国航天开发计

德国航空航天中心网站首页图

划的预算总额是 15 亿马克。DLR 自身的研发预算是 7 亿马克，其中约 35% 来自第三方竞争研究合同的费用收入。DLR 的研究工作建立在联邦政府的口号"航天飞行：体现研究与应用"上，注重科学研究的实际作用。

德国航天工业未来的发展方针是：积极参加国际合作，包括

世界各国航天计划与太空实验

欧洲航天局范围和世界范围的双边和多边合作；在资金上继续扶植航天工业，联邦教研部将年财政支出的 10% 用于资助航天研究；在参与航天计划的过程中，坚持执行与国家航天计划相同的原则，进一步落实"根据经费指导计划"的原则。

新世纪以来，德国的航天业取得了长足发展，使其成为仅次于法国的欧洲第二航天大国的地位。2000 年前德国年均航天技术总投资为 22 亿马克（14.6 亿美元，以 1996 年汇率折算），民用航天投资仍将维持在 14 亿马克（9.3 亿美元）水平，军用航天将为 8 亿马克（5.3 亿美元）左右。

德国航空航天中心打算在 2012 至 2013 年间，实施德国有史以来第一个探月项目"月球探索轨道器"。这个探月项目其实是由两个探测器组成：一个探测器借助微波和钻地雷达，"看透"月球表面以下 2 ～ 100 米，了解月球的内部构造；第二个探测器能测绘月球表面微弱引力和磁场的三维彩图。由于该计划会持续 4 年时间，所以它还有可能捕捉到月球表面因天体撞击新形成的环形山。如果这一探月项目获得成功的话，德国还将派出飞船赴月球搜集月球的岩石样本。

中国，进入空间探测新阶段

新世纪，中国的空间探测活动也进入了崭新的发展阶段。2000 年和 2006 年，中国政府分别发布《中国的航天》白皮书。此外，《"十一五"空间科学发展规划》和《航天"十一五"规划》也陆续发布实施，这些都成为中国空间探测发展的指导性文件。"十五"期间，中国成功实施"双星探测"计划，开展了中国第一次真正意义上的空间探测活动。"十一五"期间，中国太空计划的重点是"嫦娥"绕月探测工程。此外还将安排空间硬 X 射线调制望远镜（HXMT）和返回式科学实验卫星 2 个自主工程项目，中俄火星空间环境探测计划、世界空间紫外天文台计划、中法天文卫星计划、中法合作太阳爆发探测小卫星计划等 4 个国际合作计划，太阳空间望远镜（SST）和"夸父"计划 2 个背景型号项目。

"神舟五号"载人飞船的成功发射和安全返回，让中国成为世界上能独立开展载人航天活动的第三个国家。"神舟六号"的发射和返回，标志着第一阶段圆满完成。"神七"的成功发射和返回，实现了多人多天飞行、航天员出舱在太空行走的航天规

划。另外，月球探测一期工程已顺利开展，预计在 2009 年下半年发射"嫦娥二号"绕月探测卫星。月球探测二期工程的项目论证也已完成。

中国航天五大目标与主要任务

一是继续实施载人航天工程，实现航天员出舱活动，开展航天器交会对接试验。

二是实现绕月探测，2007 年下半年发射中国第一颗月球探测卫星"嫦娥一号"，实现"绕"月探测；在成功实施绕月探测之后，进行月面软着陆探测与月球车月面巡视勘察，实现"落"月探测；在落月探测成功后，实施月面自动采样并返回地球。

三是启动并实施高分辨率对地观测系统工程，将在天基、近空间、空基不同层次进行大气、陆地、海洋的综合观测，形成全天候、全天时、稳定运行的对地观测能力，并可根据需要对特定地区进行高精度观测。

四是完善"北斗"导航试验卫星系统；自主研制并建成由 12 颗静止轨道和非静止轨道卫星组成的区域导航定位系统，满足中国及周边地区用户对卫星导航系统的需求；在此基础上，进一步扩展到由 30 多颗不同轨道卫星组成的全球卫星导航定位系统，具有高精度授时和用户位置报告能力。

五是研制新一代无毒、无污染、高性能、低成本和大推力的

运载火箭。近地轨道运载能力从目前的 9.5 吨提高到 25 吨，同步转移轨道运载能力从 5.2 吨提高到 14 吨。

中国未来计划航天任务表

预期时间	预期目标
2009 年 10 月	发射"萤火一号"火星探测器
2009 年 10 月	发射"嫦娥二号"月球探测器
2010 年底	发射"天宫一号"目标飞行器
2011 –2012 年	陆续发射"神舟八号"、"神舟九号"、"神舟十号"系列飞船
2012 年	"夸父计划"的卫星发射
2020 年	建成中国自己的"空间站"

从 "863 计划" 到 "921 工程"

1986 年 10 月，"863"计划正式启动。航天技术是"863 计划"《高技术研究发展计划纲要》七大领域中的第二领域，主题项目是：大型运载火箭及天地往返运输系统、载人空间站系统及其应用。"863"计划为中国的载人航天开辟了道路。

"863"计划图标

"863 计划"出台后，航天领域成立了两个专家组，一是大

型运载火箭及天地往返运输系统，代号 863 - 204；二是载人空间站系统及其应用，代号 863 - 205。

1987 年，在国防科工委的组织下，组建了"863 计划航天技术专家委员会"和主题项目专家组，对发展中国载人航天技术的总体方案和具体途径进行全面论证。

"863 - 204"专家组在 1987 年 4 月发布《关于大型运载火箭及天地往返运输系统的概念研究和可行性论证》的招标通知，以招标方式选择在技术方面有优势的单位，按要求各自论证载人航天方案。航天部、航空部、国家教委、中科院、总参谋部、国防科工委等系统 60 多家科研单位参加了这场大论证，仅航天部所属的单位就有一、三、五、八等四家研究院分别参加了投标。由于是科学界里的技术概念论证，没有太多的行政干预，所以这番讨论思想相当解放，视野相当开阔，是中国航天技术发展史上前所未有的。

在不到 2 个月的时间里，各竞标单位提出了 11 种技术方案。"863 - 204"专家组筛选出 6 种方案，要求他们在 1988 年 6 月底前，完成技术可行性论证报告，以便参加高层专家的评审。虽然 1987 年的方案距今已有 18 年之久，但是我们今天翻看它们，仍然不得不为中国科学家的大胆和卓识油生敬意。

经过一年多的论证，专家委员会于 1988 年 7 月在哈尔滨召开了评议会。航天专家选取了五种方案进行深入论证和对比分析，分别是宇宙飞船、不带主动力的小型航天飞机、带主动力的

航天飞机、两级火箭飞机和空天飞机。1988 年 7 月 20 日至 31
日，上百位航天专家汇集哈尔滨，根据五种方案的主题报告，讨
论决定最终"机型"。此后，围绕中国载人航天如何起步，飞船
方案论证人员和航天飞机论证人员展开了长达 3 年的学术争论。
"863－204"专家组于 1989 年 7 月完成了《大型运载火箭及天地
往返运输系统可行性及概念研究综合报告》。

　　1992 年 1 月 8 日，中央专委会召开第 5 次会议，专门研究发
展中国载人航天问题。1992 年 9 月 21 日，中央政治局常委在中
南海勤政殿听取原国防科工委、航空航天部的汇报，讨论审议
《中央专委关于开展中国载人飞船工程研制的请示》。常委们从国
家利益和凝聚民心的高度，肯定了载人航天工程。会议最后决
定，要像当年抓"两弹一星"一样抓载人航天工程，有事可以直
接向中央报告。同一日，中共中央政治局十三届常委会第 195 次
会议讨论同意了中央专委《关于开展中国载人飞船工程研制的请
示》，正式批准实施中国载人航天工程。因为批准载人航天工程
上马的这次常委会是 1992 年 9 月 21 日召开的，所以便决定把中
国载人航天工程叫做"921"工程。

　　921 航天工程计划，是中国制定的分三阶段组成的有人操纵
宇宙飞行计划。分为 921－1 即第一阶段：由若干无人操纵和有
人操纵的任务组成。目的是论证宇航员在近地轨道的飞行以及他
们的安全返回技术。"神舟六号"为 921－1 计划的最后一次试
验。921－2 即第二阶段：太空行走、交会和对接测试。时间计划

世界各国航天计划与太空实验

为 2006~2015 年。2008 年发射的"神舟七号"应为 921-2 计划的开始。921-3 即第三阶段：最终会建造约 20 吨的空间站。预计在 2020 年前完成。921 航天工程，是中国航天史上规模最大、系统最复杂、技术难度最高的现代化系统工程，由航天员、空间运用、载人飞船、运载火箭、发射场、测控通信、着陆场等 7 大系统组成，涉及航空、船舶、兵器、机械、电子等诸多领域。

"921"工程立项伊始，便很快确定了飞船 7 大系统的研制方案。1995 年 7 月，经中央专委批准转入初样阶段。从 1998 年上半年开始，"921"进入飞船正样和无人飞行试验阶段，先后进行了 4 次无人飞船的飞行试验。2003 年初，"921"正式开始载人飞行试验阶段。在"921"工程运行期间，前后共有 110 个研究院、研究所和工厂直接承担了研制任务，还有 3000 多个单位承担了协作研制任务，参与这项中国航天史上最庞大工程的科技人员总人数逾万。

地球"双星计划"

"双星计划"主要研究太阳活动和行星际扰动触发磁层空间暴和灾害性地球空间天气的物理过程，进而建立磁层空间暴的物理模型，地球空间环境动态模型和预报方法。

"双星计划"是"十五"期间执行的项目，它是中国第一次真正意义上的空间科学探测计划，也是中国以我为主、首次与欧

洲航天局进行的从技术到应用的高层次、全方位、实质性的对等合作。该计划已经圆满完成科学探测任务。它的成功实施，推动了中国与欧洲航天局在空间科学与技术上的全面合作，并提高了中国空间技术的自主创新能力和空间科学的跨越式发展。

自 1957 年第一颗人造卫星成功发射以来，人类空间活动的事实表明，空间物理和空间环境（空间大气）探测对空间知识创新、空间环境预

双星计划首席科学家、中科院院士刘振兴

报、航天活动和国家安全以及空间技术和空间开发利用起着至关重要的作用。因此，世界各空间国对空间探测都十分重视。地球空间双星探测计划提出于 1997 年 1 月，是根据中国的战略需求和国际上这一领域的发展趋势，第一次以中国提出探测计划而开展的国际合作空间科学探测项目。两颗卫星密切配合，形成了具有创新特色的、自成体系的探测计划。中国双星与欧洲航天局星簇卫星（Cluster）相配合，对地球空间进行全方位探测，形成了人类历史上首次对地球空间的六点立体探测。双星计划的赤道区卫星发射成功，标志着中国空间物理与环境探测进入了实质性高

水平的发展阶段，引起国内外的极大关注。

"双星计划"包括两颗卫星，一颗是近地赤道区卫星，近地点565.5 千米，远地点 78959.9 千米，倾角约 28.17°；另一颗是近地极区卫星，近地点 700 千米，远地点 40000 千米，倾角 90°。它们相互配合，分别运行于目前国际上地球空间探测卫星尚未覆盖的近地赤道区和近地极区，形成了具有创新特色的适合于研究地球空间暴多时空尺度过程的探测体系。"双星计划"是一项科学和应用密切结合的综合性空间探测项目，既有很强的基础性，又有明确和重要的应用性。另外，也是一项以中国为主体的国际合作项目。

双星计划科学应用分系统的主要任务是，提出双星计划科学应用分系统的科学方案，建立分系统的硬件和软件系统，为进行科学研究提供数据基础；提出双星运行的科学概念和科学运行主计划，双星运行的具体探测计划包括长期（半年）、中期（一个月）和短期（一周）计划；对探测数据进行快速检查、订正和有效化；提出科学数据产品和用户数据分配方案，研制需要的软件，建立双星数据库。

"双星计划"的科学研究聚焦在"地球空间暴多时空尺度的物理过程"，包括相互联系着的五个课题：地球空间暴多空间层次和多时空尺度的驱动过程；磁层亚暴、磁暴的触发机理与模型和预报方法；磁层粒子暴的起源和辐射带动态过程及效应；极区磁层与电离层耦合的动力学过程；地球空间暴多时空尺度过程中的交叉物理问题。其科学目标是建立地球空间环境的动态模式；

揭示近地磁层重要活动区场和粒子时空变化的新现象；研究地球空间暴的触发机理，建立地球空间暴的理论模型和预报模型。为了实现科学目标，赤道卫星和极区卫星上各载有八台探测仪器。双星计划由"长征二号"丙火箭发射。探测数据由北京密云接收站、上海天文台接收站和欧洲航天局西班牙接收站接收。

"双星计划"的应用目标是，推动中国空间和空间环境探测技术跨越式的发展，缩短与国际上的差距；通过国际合作，提高中国有效载荷研制的技术；推动卫星平台某些技术，如卫星剩磁和卫星表面等电位技术的发展；提升中国卫星科学数据系统的水平，如科学运行硬件和软件系统，科学运行计划，在轨科学数据校正和数据产品研制等；获取大量可靠的科学探测数据，提出符合实际的地球环境动态模式和预报方法，为保障航天活动和国家安全提供科学数据、科学依据和防护对策。

中国与欧洲航天局在空间科学领域开展了密切的合作。合作过程大致分为两个阶段，第一阶段是从 1991 年开始，主要是与欧洲航天局星簇科学数据系统进行合作。在第一阶段合作的基础上，中国与欧洲航天局又开展了第二阶段的合作，即"双星计划"与欧洲航天局星簇 II 的合作。这项合作是以中国提出探测计划并以中国为主开展的国际合作，在合作规模和层次上迈上了一个新台阶。

"双星计划"的两颗卫星运行于国际上正在运行的地球空间探测计划尚未覆盖的近地磁层活动区，和星簇 II 密切配合，优势

中国，进入空间探测新阶段

互补，首次形成地球空间的"六点探测"，因而可探测研究过去难以实现的磁层空间暴多空间层次和多时空尺度的触发过程及影响电离层和热层大气的大尺度过程。

"双星计划"的具体国际合作形式表现在中外科学家合作研制和调试双星上的探测仪器，检查和订正探测数据。这种合作有利于迅速取得创新性的研究成果，提高中国探测仪器的研制水平和数据分析能力，使中国的空间探测水平得以提高。

附：地球"双星计划"大事记

1997 年 1 月　中国科学院有关科学家提出了地球空间双星探测计划的构想（简称"双星计划"）。

1997 年 4 月　刘振兴院士在香山科学会议上正式提出地球空间双星探测计划。

1997 年 11 月　欧洲航天局科学项目部与中国科学院空间科学与应用研究中心在北京签署了双星计划与 Cluster 合用的协定书。

1998 年 11 月　国家航天局表示将支持"双星计划"。

1999 年 9 月　欧空局团访华，正式向中国科学院和国家航天局提出与"双星计划"合作的请求。10 月中国科学院正式启动"双星计划"方案可行性论证。

2000 年 1 月 7 日　中国科学院主持召开了"双星计划"科

学目标论证审定会，包括王大珩等7名院士在内的与会专家一致通过论证评审。

2000年3月　中国"双星计划"代表团应邀出席了在巴黎欧空局本部召开的"双星计划"方案可行性论证会，双方签订了进一步合作协议。

2000年5月22日　国家航天局主持召开了"双星计划"大总体方案可行性论证评审会，由孙家栋院士等专家组成的评审专家委员会一致通过了"双星计划"总体方案可行性的评审，并建议有关主管部门尽快向国家申请立项。

2000年12月　国务院科技领导小组原则批准"双星计划"列入"十五"计划中的重要空间探测项目。

2001年2月19日　国家航天局在北京主持召开了"双星计划"卫星工程大总体讨论会，双星计划研制工作正式启动。

2001年7月9日　中国航天局局长栾恩杰和欧空局局长罗达德在巴黎欧空局总部正式签署了地球空间双星探测计划合作的协议。

2002年9月20日　三部委联合向中国科学院、中国航天科技集团公司印发《关于地球双星探测工研制立项的请示》的通知。

2002年9月-10月　中国科学院空间中心正式组织30余人的试验队赴英国开展与欧洲方面提供的 TC-1卫星有效载荷的预集成测试工作。这是中科院第一次在重大国际合作项目中以试验队的形式组织开展的研制工作，测试工作取得圆满成功。

2003 年 4 月 22 日　五院完成了"探测一号"卫星电磁星、力学/热控星的研制工作，中国航天科技集团公司主持召开了"探测一号"卫星设计验证总结评审会，与会专家经评议，认为"探测一号"卫星按照技术流程完成了剩磁、等电位、高辐射及长地影等技术的攻关。至此完成了"探测一号"卫星设计验证工作，为"探测一号"卫星和"探测二号"卫星正样研制奠定了基础。

2003 年 7 月　国家航天局批复了中国科学院、中国航天科技集团公司联合上报的"地球空间双星探测计划卫星研制总要求"和"地球空间双星探测计划卫星总体可行性方案"。

2003 年 8 月　五院完成了卫星与运载火箭的电磁兼容性试验，卫星与测控分系统的是地测控对接工作，确定了卫星与大系统间的接口定义。

2003 年 10 月　五院完成了"探测一号"正样星电测、整星环境试验，试验结果表明卫星满足《双星探测计划研制总要求》中规定的技术指标要求。

2003 年 10 月 26 日　国家航天局在北京主持召开了"地球空间双星探测计划工程大总体协调会"，为确保 2003 年发射"探测一号"卫星和 2004 年发射"探测二号"卫星做好各大系统间的技术协调和计划进度安排。

2003 年 11 月 20 日　国家航天局在北京主持召开了"探测一号"卫星和"长征二号"丙改火箭出厂审定会。"探测一号"卫

星发射进入了倒计时阶段。

2003 年 11 月 20 – 23 日　"探测一号"卫星运载系统、卫星系统（含有效载荷）试验队分别赴中国西昌卫星发射中心执行发射任务。

2003 年 12 月 30 日　凌晨 3 点零 6 分 18 秒，"长征二号"丙/SM 运载火箭在中国西昌卫星发射中心将"探测一号"卫星按计划准时发射，中国高轨道卫星的首次发射获得圆满成功。

2004 年 4 月 5 日　由中科院高技术局主持召开"TC – 1 卫星在轨测试评审"。

2004 年 4 月 12 日　国家航天局在北京国际会议中心主持召开"TC – 1 卫星交付仪式"，标志着 TC – 1 将转入长期运行管理和研究应用阶段。

2004 年 6 月 23 日　国家航天局在北京主持召开了"第九次中欧技术协调会"。

2004 年 6 月 25 日　国家航天局在北京主持召开了"探测二号"卫星和"长征二号"丙改火箭出厂审定会。

2004 年 6 月 27 – 28 日　"探测二号"卫星运载系统、卫星系统（含有效载荷）试验队分别赴中国太原卫星发射中心执行发射任务。

2004 年 7 月 25 日　下午 3 点零 5 分 18 秒"探测二号"卫星（TC – 2）在中国太原卫星发射中心按计划发射成功，顺利入轨。

2004 年 10 月 6 – 7 日　在英国伦敦召开了"第十次中欧技术协调会"，会议通过了欧洲载荷设备的轨测试评审。

2004 年 11 月 3 日　国家航天局在北京主持召开"TC – 2 卫

星交付仪式"。TC－2卫星的交付标志着中国双星计划可独立完成对地球空间的立体探测。与欧洲Cluster卫星相配合，可形成地球空间六点探测。

世界各国航天计划与太空实验

载人航天工程——神舟系列

按照中国航天事业发展规划，载人航天计划分三步实施，第一阶段是发射无人和载人飞船，将航天员安全地送入近地轨道，进行对地观测和科学实验，并使航天员安全返回地面。第二阶段是继续突破载人航天的基本技术：多人多天飞行、航天员出舱在太空行走、完成飞船与空间舱的交会对接。在突破这些技术的基础上，发射短期有人照料的空间实验室，建成完整配套的空间工程系统。第三阶段为建立永久性的空间试验室，建成中国的空间工程系统，航天员和科学家可以来往于地球与空间站，进行规模比较大的空间科学试验。三步走的发展设想中，第一步是基础，第二步是关键，第三步是提高与发展。

截至2008年底，中国已成功发射七艘"神舟"飞船，先后成功实施四

"长征二号"F型运载火箭

次无人飞行试验和三次载人航天飞行任务，将六位中国航天员成功送入太空。

1999 年 11 月 20 日 6 时 30 分，一声惊雷震撼茫茫戈壁，"长征二号"F 型运载火箭托举着中国的"神舟一号"腾空而起，踏上了中华民族探索太空奥秘的飞天旅程。经过 21 小时 11 分钟的太空飞行，"神舟一号"顺利返回地球，中国载人航天工程首次无人飞行试验取得圆满成功，实现了天地往返的重大突破。此次飞行的主要目的是考核运载火箭的性能和可靠性，同时，验证飞船返回控制等主要关键技术和系统设计的正确性。"神舟一号"的太空之旅向世界宣告：中国古老的敦煌壁画所描绘的飞天之梦，必定在不远的将来成为现实。

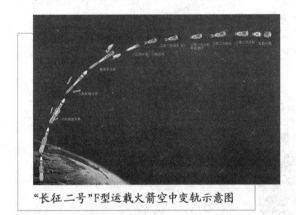

"长征二号"F型运载火箭空中变轨示意图

2001 年 1 月 10 日至 16 日，中国成功发射"神舟二号"飞船，进行了第二次无人飞行试验。主要目的是对工程总体和各系统从发射到运行、返回、留轨的全过程进行全面考核，进一步检验总体技术方案和各系统技术方案的正确性和匹配性。这一次，飞船运行时间从"神舟一号"的 1 天增加到了 7 天。

2002 年 3 月 25 日至 4 月 1 日、2002 年 12 月 30 日至 2003 年 1 月

中国，进入空间探测新阶段

世
界
各
国
航
天
计
划
与
太
空
实
验

6 日，中国先后成功发射"神舟三号"、"神舟四号"飞船，进行了第三、第四次无人飞行试验。火箭逃逸、飞船应急救生等功能均为真实状态，飞行技术状态与载人飞行状态一致。这两次飞行虽然仍是无人飞行，但飞船上设置了"模拟人"。"模拟人"装载了人体代谢模拟装置、拟人生理信号以及形体假人，能够模拟航天员呼吸和心跳、血压、耗氧以及产生热量等重要生理参数，为航天员进入太空探路。

中国航天员杨利伟顺利返回

2003 年 10 月 15 日至 16 日，中国成功进行了首次载人航天飞行。中国航天员杨利伟乘坐"神舟五号"载人飞船在太空运行十四圈，历时 21 小时 23 分，顺利完成各项预定操作任务后，安全返回主着陆场。"神舟五号"载

航天员费俊龙、聂海胜向人们致意

人飞船的成功发射和安全返回，表明中国载人航天工程取得了新的重要进展，为中国载人航天工程实现"从载人飞船到空间实验室，再到长期有人照料的空间站"的发展前景提供了良好的开端。

2005 年 10 月 12 日至 16 日，中国成功进行了第二次载人航天飞行，中国航天员费俊龙、聂海胜乘坐"神舟六号"载人飞船在太空运行 76 圈，历时 4 天 19 小时 33 分，实现多人多天飞行并安全返回主着陆场。这次飞行再次向世人昭示，中国人民有志气、有信心、有能力不断攀登科技高峰。外国学者布赖恩·哈维在其著作中这样评价中国的载人航天："这是非常典型的中国式太空计划。他们每次向前迈进一大步，很少重复飞行。"

2008 年 9 月 25 日至 28 日，中国成功进行了第三次载人航天飞行，航天员翟志刚、刘伯明、景海鹏乘坐"神舟七号"载人飞

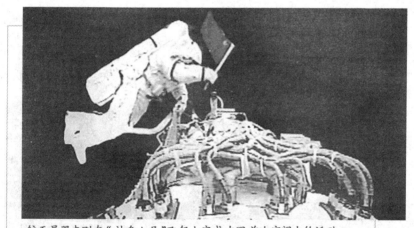

航天员翟志刚在"神舟七号"飞船上完成中国首次空间出舱活动

船在太空运行 45 圈，历时约 68 个小时，航天员翟志刚首次在太空进行了太空行走。在飞行中，"神舟七号"还放出伴飞小卫星来拍摄"神舟七号"的图片。2008 年 9 月 28 日下午，"神舟七号"成功在主着陆场回收。作为中国载人航天工程的又一个新起

世界各国航天计划与太空实验

点，"神舟七号"任务是中国载人航天"三步走"——"发射载人飞船、发射空间实验室、建立永久性空间站"之中第二步任务的第一步骤，起着承上启下的关键作用。

"突破航天员出舱活动技术，是为下一步空间站的建立奠定技术基础。"中国载人航天工程总设计师周建平在接受采访时强调。中国航天下一步的目标是在不太长的时间内掌握空间交会对接技术，早日建立未来空间站。

中国空间站——天宫系列

在"神舟七号"实现"太空行走"后，中国的空间站距离我们越来越近了。据介绍，中国未来空间站的名称被定为"天宫"，这是一个具有浓郁中国特色、寄托了华人无限憧憬的名字。

中国空间站大致是什么模样的呢？关于中国最终将建的空间站，中国工程院院士、原"神舟号"飞船总设计师戚发轫描述了空间站的大致模样：

中国空间站想象图

它包括一个核心舱、一架货运飞船、一架载人飞船和两个用于实验等功能的其他舱，总重量在 100 吨以下。其中的核心舱需要长期有人驻守，能与各种实验舱、载人飞船和货运飞船对接。不过，只有具备了 20 吨以上运载能力的火箭，才有资格发射核心舱。此外，空间站在运行期间也需要大运载能力的货运飞船来回运输大量物资，而之前中国的火箭运载能力只有 10 吨。中国正在研制的大推力运载火箭"长征五号"，其运载能力将超过 20 吨。

欧洲货运飞船与国际空间站宇航员成功对接

按计划，中国将在 2010 年发射"天宫一号"目标飞行器。"天宫一号"实际上是空间实验室的实验版。之后，再发射"神舟八号"。"神舟八号"是一艘无人的神舟飞船，将与"天

中国航天员出太空舱活动模拟图

宫一号"进行无人自动对接试验。

无人的目标飞行器，也就是空间实验室，不搭载航天员，只是送到天上完成实验室的对接。"神八"是有多个接口的小型空间实验室，包括"神八"在内的空间实验室都是为未来的空间站做准备的。而之后的"神十"将再次载人上天并实现有人对接。这些飞船都是为了在太空建设短期有人照料的空间站而服务的。

2015年前，中国还将陆续发射"天宫二号"、"天宫三号"两个空间实验室。"天宫二号"将主要开展地球观测和空间地球系统科学、空间应用新技术、空间技术和航天医学等领域的应用和试验。"天宫三号"将主要完成验证再生生保关键技术试验、航天员中期在轨驻留、货运飞船在轨试验等，还将开展部分空间科学和航天医学试验。

中国航天器太空对接效果图

中国目前在研的空间实验室采用两舱结构，分别为实验舱和资源舱。实验舱可保证舱压、温湿度、气体成分等航天员生存条件，可用于航天员驻留期间在轨工作和生活，密封的后锥段安装再生生保等设备。实验舱前端安装一个对接机构，以及交会对接测量和通信设备，用于支持与飞船实现交会对接。资源舱为轨道机动提供动力，为飞行提供能源。

绕月探测工程——嫦娥工程

发射人造地球卫星、载人航天和深空探测是人类航天活动的三大领域。新世纪以来，月球再次成为航天大国争夺战略资源的焦点。月球具有可供人类开发和利用的各种独特资源，月球上特有的矿产和能源，是对地球资源的重要补充和储备，将对人类社会的可持续发展产生深远影响。重返月球，开发月球资源，建立月球

嫦娥奔月图

基地已成为世界航天活动的必然趋势和竞争热点。开展月球探测工作是中国迈出航天深空探测第一步的重大举措。实现月球探测将是中国航天深空探测零的突破。

中国绕月探测是中国自主对月球的探索和观察。国务院正式批准绕月探测工程立项后，绕月探测工程领导小组将工程命名为"嫦娥工程"。

中国绕月探测工程将完成以下四大科学目标：一是获取月球表面三维影像，划分月球表面的基本地貌构造单元，初步编制月球地质与构造纲要图，为后续优选软着陆提供参考依据；二是分析月球表面有用元素含量和物质类型的分布特点，通过对月球表

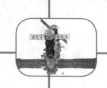
面有用元素进行探测，初步编制各元素的月面分布图；三是探测月壤特性，探测并评估月球表面月壤层的厚度、月壤中氦－3的资源量；四是探测地月空间环境，记录原始太阳风数据，研究太阳活动对地月空间环境的影响。

为此，月球探测卫星、运载火箭、发射场、测控和地面应用等五大系统组成的绕月探测工程系统届时将实现五项工程目标：研制和发射中国第一个月球探测卫星；初步掌握绕月探测基本技术；首次开展月球科学探测；初步构建月球探测航天工程系统；为月球探测后续工程积累经验。

中国"嫦娥一号"将在工作轨道上进行一年对月探测

中国航天科技工作者早在1994年就进行了探月活动必要性和可行性研究，1996年完成了探月卫星的技术方案研究，1998年完成了卫星关键技术研究，以后又开展了深化论证工作。

经过10年的酝酿，最终确定中国整个探月工程分为"绕"、

"落"、"回" 3 个阶段。

　　第一步为"绕"，即发射中国第一颗月球探测卫星，突破至地外天体的飞行技术，实现月球探测卫星绕月飞行，通过遥感探测，获取月球表面三维影像，探测月球表面有用元素含量和物质类型，探测月壤特性，并在月球探测卫星奔月飞行过程中探测地月空间环境。第一颗月球探测卫星"嫦娥一号"已于 2007 年 10 月 24 日发射。

月球表面照片

　　第二步为"落"，时间定为 2007 年至 2010 年。即发射月球软着陆器，突破地外天体的着陆技术，并携带月球巡视勘察器，进行月球软着陆和自动巡视勘测，探测着陆区的地形地貌、地质构造、岩石的化学与矿物成分和月表的环境，进行月岩的现场探测和采样分析，进行日－地－月空间环境监测与月基天文观测。具体方案是用安全降落在月面上的巡视车、自动机器人探测着陆区岩石与矿物成分，测定着陆点的热流和周围环境，进行高分辨率摄影和月岩的现场探测或采样分析，为以后建立月球基地的选址提供月面的化学与物理参数。

中国，进入空间探测新阶段

第三步为"回"，时间定在 2011 至 2020 年。即发射月球软着陆器，突破自地外天体返回地球的技术，进行月球样品自动取样并返回地球，在地球上对取样进行分析研究，深化对地月系统的起源和演化的认识。目标是月面巡视勘察与采样返回。

当"绕"、"落"、"回"三步走完后，中国的无人探月技术将趋于成熟，中国人登月的日子也将不再遥远。

绕月探测工程是中国月球探测的第一期工程，即研制和发射第一颗月球探测卫星。该星将环绕月球运行，并将获得的探测数据资料传回地面。该工程由探月卫星、运载火箭、发射场、测控和地面应用五大系统组成。现已确定探月卫星主要利用"东方红三号"卫星平台，运载火箭采用"长征三号"甲火箭，发射场选用西昌卫星发射中心，探测系统利用现有航天测控网，地面应用系统由中国科学院负责开发。

具体计划是，"长征三号"甲火箭从西昌发射中心起飞，将"嫦娥一号"卫星送入地球同步转移轨道后实现星箭分离，卫星最后进入环绕月球南、北极的圆形轨道运行，并对月球进行探测，轨道距离月面的高度为 200 千米。

设计寿命为 1 年的"嫦娥一号"卫星，携带立体相机、成像光谱仪、激光高度计、微波辐射计、太阳宇宙射线检测器和低能离子探测器等多种科学仪器，对月球进行探测。它在环月飞行执行任务期间，主要获取月面的三维影像，分析月面有用元素含量和物质类型的分布特点，探测月球土壤厚度，检测地月空间环

境。其中前 3 项是国外没有进行过的项目，第 4 项是中国首次获取 8 万千米以外的空间环境参数。此外，美国曾对月球上的 5 种资源进行探测，中国将探测 14 种，其中重要的目标是月球上的氦 -3 资源。氦 -3 是一种安全高效而又清洁无污染的重要燃料，据统计，月球上的氦 -3 可以满足人类 1 万年以上的供电需求。月球土壤中的氦 -3 含量可达 500 万吨。

"嫦娥一号"卫星模型

嫦娥工程是一个完全自主创新的工程，也是中国实施的第一次探月活动。工程自 2004 年 1 月立项，已经完成了"嫦娥一号"卫星和"长征三号"甲运载火箭产品研制和发射场、测控、地面应用系统的建设。2007 年 10 月 24 日在西昌卫星发射中心成功发射升空。月球探测是一项非常复杂并具高风险的工程，到 2008 年为止，人类共发射月球探测器 122 次，成功 59 次，成功率为 48%。中国"长征三号"甲运载火箭的成功率为 100%。

火星探测计划

中国航天局将与俄罗斯联邦航天局合作，共同探索火星。它是继载人航天、探月工程后，中国又一次重大航天科学计划。整

世界各国航天计划与太空实验

个计划共分四个阶段：第一阶段（2009 年前）会对第一次任务进行充足准备，包括订立探测目标、技术研发和寻求国际合作。第二阶段（2009 年后）利用已发射的卫星探测火星环境，所得的数据用作火星软着陆之用。第三阶段发射火星着陆器并携带一辆火星车，在火星上软着陆。第四阶段成立火星表面观察站、发展飞行器穿梭地球与火星、并且建立火星基地供机械探测器进入。此阶段的最终目标是为将来人类登陆火星提供基础，令人类可在火星观察站中观察火星。

根据 2007 年 6 月 27 日中俄签署的双边合作协议，两国将于 2009 年联合开展火星探测项目。届时，中国的"萤火一号"将和俄罗斯的"福布斯号"探测器一起搭乘俄罗斯的运载火箭飞向火星。"萤火一号"火星探测器将在近火星点 800 千米、远火星点 8 万千米的椭圆形轨道上运行，绕着火星探测，以期完成三大

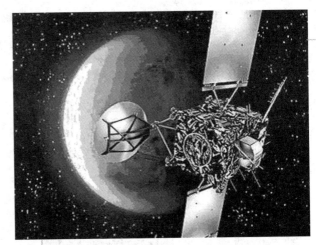

中国首枚火星探测卫星"萤火一号"

主要任务：探测火星的空间环境，探测研究火星表面水的消失机制，揭示类地行星的空间环境演化特征。

火星探测是中国首次开展的地外行星空间环境探测活动，神舟飞船只是飞上几百千米的太空，"嫦娥"飞船则要飞38.4万千米到月球，而"萤火一号"遥远的火星之旅却得走完整整3.5亿千米的漫长路程，这是中国深度空间技术和航天器研制水平的飞跃。

根据协议，2009年10月，"萤火一号"将与俄方的福布斯火星土壤采样探测器一起由俄运载火箭同时发射，发射地点是在哈萨克斯坦境内的拜科努尔航天发射中心。

火星全景图

发射升空后，经过11个月、3.5亿千米的漫漫太空之旅后，"萤火一号"将于2010年8月进入火星轨道。此刻太阳帆板将会展开，完成对太阳、对地球和对火星三个工作模式的切换，在近火点（距离火星最近的点）800千米、远火点80000千米、轨道倾角正负5度的火星大椭圆轨道上开展火星空间环境的科学探测，正式开始履行它的火星探测使命。

身为首位中国火星"探测兵"，"萤火一号"设计寿命2年。论个头，"萤火一号"是火星探测器家族中的小家伙，"萤火一号"模型只有一辆自行车的大小，届时它的实际质量将重达110千克，展开太阳帆板将达到7.85米。

世界各国航天计划与太空实验

太阳探测计划——夸父计划

夸父计划是中国的一个太阳监测卫星计划，又称为"空间风暴、极光和空间天气"探测计划，计划得名于中国神话中的夸父。

鉴于 2012 年是一个太阳活动高峰年，2012 年至 2014 年太阳活动将会很强烈，因此夸父计划三颗卫星将在这个时间内发射，使夸父卫星将在很高的精度上追踪太阳爆发和地磁暴活动。如果按期实施，该计划将是世界上唯一一个系统的日地空间探测计划。

夸父追日图

夸父计划卫星初期飞行时间将为 2 至 3 年，计划共发射三颗探测器（A、B1、B2）。其中，A 探测器"夸父 A"将固定在离地球 150 万千米的拉格朗日点（也称 L1 点，即地球与太阳之间的引力平衡点），用以全天候监测太阳活动的发生及其伴生现象。"夸父 B1"和"夸父 B2"探测器将组成综合观测系统，在地球极轨大椭圆轨道上飞行，用以监测太阳活动导致的地球近地空间环境的变化，以及地球极光分布等。

夸父 B 卫星飞行任务目标是实现一天 24 小时、一周 7 天连

续观测北极光的分布，为了实现这个目标，夸父 B 由两颗同样的卫星组成：夸父 B1 和夸父 B2。这两颗卫星的轨道要位于同一极轨上，呈共轭飞行状态，远地点高度 6 个地球半径，近地点 0.8 个地球半径。

夸父计划将帮助科学家深入研究日地环境，为灾害性空间环境预报提供观测数据。同时，它将揭示日地空间风暴机理，监测行星际扰动传播。届时，空间天气的预警预报水平将大幅提高，并推动中国航天深空探测技术的发展。据了解，德国、法国、比利时、奥地利、加拿大等国 10 多位著名空间科学家也将参与这项由中国人发起的太阳探索计划。

但是，夸父计划仍面临许多技术挑战。例如，夸父 A 要被准确发射到太阳与地球连线引力平衡点上，距地球 150 万千米。目前，只有 NASA 和 ESA 为数不多的航天器，如 SOHO、ACE、ISEE 等飞行器到达过 L1 点，中国从未把卫星发射到那么远的位置。此外，夸父卫星的对地距离比"嫦娥一号"卫星远了 4 倍，地面人员要对卫星进行姿态调整，接受遥远的微弱信号。

其他，如夸父 A 卫星选择哪种运载工具、转移轨道才能到达距地球约 150 千米的 L1 点；选择何种方式保持卫星轨道在 L1 点上；夸父 A 卫星如何实施远距离测控和通信；L1 点通信距离上属于深空范畴，如何在深空条件下实施对卫星的测控和数据传输通信，这些都是夸父 A 卫星实现的关键环节之一，也是夸父 A 工程要解决的首要问题。

世界各国航天计划与太空实验

除此之外，整个夸父计划都采用成像技术，它所使用的一些特殊成像仪器都要作技术攻关，如中性原子成像仪、太阳白光日冕仪。由于地球的外层空间有一些中性的氧原子，需要用现在的成像技术把其速度分布形成图形，以确定在太阳有扰动时，外层空间到底是如何响应的，但是由于中性原子本身通过交换原子以后可以成像，所以这里涉及一些新的成像技术方面的难点。

中国国家航天局

中国国家航天局是于 1993 年 4 月 22 日经中华人民共和国中央人民政府批准成立的非军事机构。它是在原航天工业部的基础上建立起来的。其职责是执行中国的国家航天政策，具体包括研究拟定国家航天政策和法规；制定国家航天发展规划、计划和行业标准；负责重大航天科研项目的组织论证与立项审批；负责监督、协调重大航天科研项目的执行；负责航天领域政府及国际组织间的交流与合作。

国家航天局成立以来，中国航天的空间技术、空间应用、空间科学三大领域均得到了高速发展。"东方红三号"、"实践五号"、"风云二号"、"资源一号"、"资源二号"、"海洋一号"、"北斗一号"等卫星相继升空，使中国初步形成了通信卫星、遥感卫星和导航卫星的系列化。进入新世纪以来，神舟载人航天的发射升空和探月计划的深入展开，再一次展示了中国人在航天领域里的成就。

中国航天第一人：杨利伟

2003年10月15日9时，中国酒泉卫星发射中心。随着一阵地动山摇般的轰鸣，"神舟五号"载人飞船直刺苍穹，把一团巨大的蘑菇云般的橘红色烈焰定格在了秋日的大漠天空。此刻，全世界都记住了一个中国人的名字——杨利伟。

像海鸥那样飞行

杨利伟，1965年6月21日出生在中国辽宁省绥中县的一个普通家庭。绥中靠近渤海湾。大海养育了杨利伟，同时也塑造了他刚毅质朴、沉静温雅的性格。儿时，面对蓝色的大海，他有一个梦想，希望有一天，能像海鸥那样，向着蓝天飞去。

小时候，杨利伟的好奇心特别强，凡事都爱问个"为什么"。有一次，他与小伙伴为了"火车长还是汽车长"的问题争论不休，于是干脆饭也不吃，直奔火车站去求证答案。杨利伟的淘气也是出了名的，小时候的他没少给父母惹麻烦，比如他曾经为了试试叔叔做的竹片刀是否锋利，竟然把姑姑家种的一片葵麻都给削平了。不过小时候的杨利伟动手能力就很强，他制作的玩具在小伙伴中很受欢迎，比如他曾经自己设计自己动手给弟弟做了一个玩具小车，小车不仅有半米多高，而且还像模像样的有木质的车轮和刹车，小朋友们都十分羡慕他的弟弟。

和其他小男孩一样，杨利伟小时候也十分喜欢"探险"，有一年寒假，为了弄清距家四五十里山坡上的一座小山包里到底有什么，他瞒着家人和几个小伙伴一大早就出发了。等他们搞清楚那座小山包是一座烽火台想要返回时，天色已晚，更糟糕的是，他们还迷了路。在返回的途中，一个小伙伴还不慎掉进了结满冰的河沟，等他们费力把小伙伴拖上岸，又饿着肚子深一脚浅一脚摸索着回到家时，已经大半夜了。

淘气归淘气，在学业方面，杨利伟却从没让父母操过心。从小学到高中，杨利伟一直都是公认的品学兼优的学生。1983年，空军到杨利伟的家乡招收飞行员，杨利伟瞒着家人，偷偷报了名。当时县里一共有1500多名同学报名，初选后剩下100多人，二选后又淘汰了60人，三选剩下20人，最后只选出了5个人，其中就有杨利伟。当拿到录取通知书的时候，他高兴坏了，因为儿时的梦想终于变成了现实。

空中历险记

进入航校，经过四年的刻苦学习和训练，杨利伟终于成了空军一名优秀的强击机飞行员。从此，他尽情地在蓝天翱翔。从华北飞到西北，从西北飞到西南，在祖国的万里蓝天上，处处留下

了他矫健的身影。不过在他的飞行员生涯中，也有过几次险象环生的历险经历。

一次，杨利伟在新疆参加强击机超低空飞行训练，当飞机飞越吐鲁番艾丁湖上空时，他突然听到"砰"的一声巨响。紧接着，机身开始颤抖，仪表盘显示发动机温度急剧升高，并且转速迅速下降。凭借经验，他知道自己碰到了严重的"空中停车"故障。飞机瞬间开始侧滑着往下掉，而且在这危急时刻，飞机与地面的无线电信号也被绵延的天山隔断了，只能通过其他飞机传递信息。此时，飞机开始剧烈颠簸，玻璃窗发出嘎嘎的碰撞声，机舱内甚至还窜出一阵浓烟，干扰了他的视线。难道要弃机跳伞？倔强的杨利伟不想放弃，他心里只有一个念头：一定要把飞机安全开回去！

他努力控制住操纵杆，慢慢收油门，让这架只剩一台发动机的大家伙缓慢爬升，因为横亘在他面前的是巍峨的天山山脉，飞机必须升高到 1500 米才能飞越高山，才有可能回到基地。就这样，凭借过人的智慧和胆识，飞机擦着山脊呼啸而过，最终安全回到跑道。

当杨利伟从飞机上下来时，全身的衣服都被汗湿了，战友们纷纷跑上来和他拥抱，又是钦佩，又是感动，部队首长当场宣布给他记三等功。

经历了这次严峻的考验后，杨利伟告诫自己：遇事千万不能慌张，沉着冷静是一个飞行员必备的心理素质。而这也是成为一名航天员所必需的基本素质。

经受"魔鬼训练"

1996 年的初夏，杨利伟接到通知，参加航天员初选体检。他万万没有想到，儿时的飞天梦，会飞得那样遥远，竟然要飞向遥远的太空。

由于太过兴奋，杨利伟提前了三天到医院报到，医院的准备工作还没做好，护士开玩笑对他说："你也太积极了吧？"他则笑着回应："当航天员能不积极吗？"

训练时的杨利伟

是啊，能够入选航天员队伍的确不易。航天员的选拔近乎苛刻。医学临床检查，要对人体的几十个大大小小的器官逐一检查。航天生理功能检查，被人们形象地称为"特检"：在离心机上飞速旋转，测试受试者胸背向、头盆向的各种超重耐力；在低压试验舱测试受试者上升到 5000 米、1 万米高空时的耐低氧能力；在旋转座椅和秋千上检查受试者前庭功能；进行下体负压等各种耐力测试。几个月下来，886 名初选入围者已所剩无几。

　　杨利伟的临床医学和航天生理功能各项检查的指标都达到优秀。1998年1月，他和其他13位空军优秀飞行员一起，成为中国第一代航天员。

　　在北京航天员训练中心，杨利伟开始了航天员的"魔鬼训练"生涯。也就是在这里，他真正体会到了，在航天员耀眼光环的背后，是汗水和艰辛，奉献和牺牲。

　　首先面临的是航天员基础理论学习。这是实现从飞行员到航天员转变的第一道难关。要学的课程非常多，天文学、天体力学、空气动力学、航天医学、心理学、外语以及载人航天七大系统的有关知识等都要学，涉及30多个学科、十几个门类。比在飞行学院学习要难上几倍、几十倍。杨利伟说："好多知识是以前从来没有接触过的，掌握这些知识对我来说非常困难。"

　　杨利伟的文化基础在这批航天员中并不是最好的，但是他肯于吃苦，善于钻研。功夫不负有心人，第一次考试杨利伟就得了93分，除了两位曾经在俄罗斯培训过的航天员外，杨利伟的成绩在新入选的航天员中名列第一。基础理论学习结束时，杨利伟的成绩是全优。

　　然而，要成为一名合格的航天员，除了需要掌握扎实的基础知识外，还必须具备特殊的身体素质，接受严格的特殊训练。在普通人看来，太空是神奇而美妙的，但是对于要进入太空的航天员来说，太空不仅神奇美妙，而且又是残酷的。这里没有重力，没有氧气，没有水，没有人类赖以生存的一切要素。而为了进入

太空，航天员要在密闭狭小的飞船里经历超重、失重相互交替的过程。

要克服这些障碍，除飞船必须具备适合人生存的条件外，航天员必须进行航天环境适应、任务模拟、救生与生存等专门训练。

航天环境适应性训练，是航天员训练中最为艰苦的，是向人的极限能力挑战。仅以其中的"超重耐力"训练为例，在飞船处于弹道式轨道返回地球时，超重值将达到 8.5 个 G，即人要承受相当于自身重量近 10 倍的压力。通常情况下，这很容易造成人体呼吸极度困难或停止、意识丧失、"黑视"甚至直接影响生命。要"飞天"，就必须通过训练来增强人的超重耐力。

杨利伟身着宇航服进行训练

超重耐力训练在离心机里进行。在圆圆的大厅里，杨利伟坐进一只 8 米多长铁臂夹着的圆筒里。在时速 100 千米高速旋转中，他不仅要练习紧张腹肌和鼓腹呼吸等抗负荷动作，而且还要随时回答提问，判读信号，保持敏捷的判断反应能力。

离心机在加速旋转，人受到的负荷从 1 个 G 逐渐加大到 8 个 G。杨利伟的面部肌肉开始变形下垂、肌肉下拉，整个脸只见高高突起的前额。做头盆方向超重时，他的血液被压向下肢，头脑

世界各国航天计划与太空实验

缺血眩晕；做胸背方向超重时，他前胸后背像压了块几百斤重的巨石，造成心跳加快，呼吸困难。这是对人意志的考验。在他的左手旁，有一个红色的按钮，是用来报警的。如果航天员在训练时，感到不行了，就可以按按钮叫停。但是，在每次离心机训练时，他都以坚强的意志，忍受着平常人难以想象的煎熬，从未碰过这个按钮。

难能可贵的是，杨利伟在训练中并不蛮干。"他是个爱动脑筋的人，"杨利伟的教练这样评价他。每次训练他都有意识地按照个人体验的方法去练习，及时与教员沟通，总结经验，慢慢地琢磨出规律和方法，使一些极具挑战、严格的训练逐渐变得轻松起来。一位对航天员训练要求非常严格的老专家自豪地说："杨利伟是我最得意的学生。"

2003 年 7 月，杨利伟经载人航天工程航天员选评委员会评定，具备了独立执行航天飞行的能力，被授予三级航天员资格。随后他被选为中国首飞航天员。

中国人来到太空了

2003 年 10 月 15 日 5 时 28 分。酒泉卫星发射中心。身着乳白色航天服的杨利伟迈着从容而稳健的步伐，向中国载人航天工程总指挥李继耐走去。

"总指挥同志，我奉命执行中国首次载人航天飞行任务，准

备完毕，待命出征，请指示。中国人民解放军航天员大队航天员杨利伟。"

"出发！"随着总指挥庄重下达的命令，杨利伟大声答："是！"一个标准的军礼，定格在共和国的航天史册上。

8时59分，0号指挥员下达了"1分钟准备"的口令。火箭即将点火。指挥大厅里气氛凝重，许多观看飞船发射的人，紧张得连大气都不敢出。一切在瞬间仿佛凝固了。

杨利伟在飞船内安稳地目视着前方，静静地等待着那辉煌一刻的到来。指挥大厅里传出了清晰的口令：10、9、8、7、6……

随着一阵地动山摇般的轰鸣，"神舟五号"载人飞船直刺苍穹，把一团巨大的蘑菇云般的橘红色烈焰定格在了秋日的大漠天空。从飞船的舷窗往外望去，杨利伟看到了深邃而美丽的太空。他激动地告诉大家："我看到美丽的太空了。"

当飞船进入太空轨道时，杨利伟突然感觉到身体似乎要飘了起来，他清醒地意识到，飞船已经脱离地球引力，来到了太空。在他还来不及体验失重的奇妙感受时，就觉得好像头朝下脚朝上，十分难受。他意识到这是在太空失重状态下出现的一种错觉，如果不及时克服，就很可能诱发"空间运动病"，影响任务的完成。他用平时训练的方法，凭着顽强的意志，强迫自己在意识上去对抗和战胜这种错觉，很快就调整过来，恢复了正常。

飞船绕着地球90分钟一圈高速飞行。一会儿白天，一会儿黑夜。黑白交替之间，地球边缘仿佛镶了一道漂亮的金边，景色

十分迷人。杨利伟拿起摄像机，赶紧把这壮观的景色拍摄下来。他不由得从心里腾升起从未有过的强烈自豪感，为中国人飞上太空感到骄傲。他郑重地在飞行手册上写下了"为了人类的和平与进步，中国人来到太空了"。

飞船飞行到第七圈时，他又在太空展示了中国国旗和联合国旗，表达了中国人民和平利用太空，造福全人类的美好愿望。

2003 年 10 月 16 日 6 时 28 分，在环绕地球 14 圈飞行 21 小时之后，杨利伟在内蒙古中部阿木古朗草原地区返回地面。面对欢迎他的人们，杨利伟说出了他的肺腑之言："我为伟大祖国感到骄傲！"

飞船总设计师高度评价杨利伟的这次太空飞行："不是一般的成功，而是非常成功；不是一般的完美，而是特别完美。"

国外媒体和航天员同行也一致认为：这是一次完美的飞行。杨利伟在太空飞行中的杰出表现，让世界再次对中国及中国的航天英雄刮目相看。

日本航天，尚需借力美国

　　长期以来，日本一直借助美国的力量积极参与载人航天。从1992 年开始，日本的航天员就开始搭乘美国航天飞机进入太空。

　　但是，借助美国航天飞机毕竟有诸多不便。一方面，日本很难确保本国航天员的飞行机会；另一方面，日本每次仅能安排一名航天员参加飞行，而且在太空停留的时间只有一周，能够进行的实验内容非常有限。因此，日本发展独立载人航天事业的决心越来越强烈。2005 年，日本宇宙航空研究开发机构就曾提出目标，争取到 2025 年拥有自主的载人航天技术。

　　不过，日本要实现自主载人航天恐怕并不容易。有分析认为，首先，日本自主研制的火箭的可靠性仍然有待提高；其次，日本尚未掌握航天器返回技术，需要建立一套不同于现在的航天指挥和测控系统。就日本目前航天事业的规模而言，实现这些突破难度很大。所以一段时间内，恐怕还要继续依赖与美国的合作。

日本航天的步伐

日本的第一个航天计划开始于 1955 年。其航天事业主要集中在无人火箭和人造卫星两个领域。早期日本的航天事业采取从美国采购的办法开展，技术发展很快。日本的无人火箭经历了"L 系列"、"M 系列"、"N 系列"、"H 系列"、"J 系列"等阶段，不断升级。1970 年，日本发射了第一颗人造卫星，但只有 1/4 的零部件是本国建造，其他都来自美国的公司。仅过了 10 年，日本便在 1981 年成功发射了自主研制的通信卫星，一时间，日本航天业雄心勃勃，准备在商业卫星领域占据领先地位。

日本月球基地示意图

20 世纪 90 年代，日本的卫星种类已经相当丰富，但是发展过快的日本航天业终因基础不足导致事故频发。1993 年 12 月，日本地球资源卫星（JERS）上的短波红外（SWIR）遥感器由于制冷器故障导致其功能失灵。1994 年 8 月，H2 火箭第二次发射，将 ETS - 6 卫星送入大椭圆地球同步转移轨道，但是因

ETS－6卫星上的双组元远地点发动机故障而未进入预定的地球静止轨道。1996年8月先进地球观测卫星－1（ADEOS－1）在发射入轨10个月后由于太阳电池阵故障而失去工作能力。2002年12月发射的ADEOS－2卫星，也由于"未知的异常"原因，于2003年10月与地面失去联系。与此同时，日本引以为豪的H2型火箭也开始出问题：1998年2月，H2火箭未能把通信广播工程试验卫星（COMETS）送入地球同步转移轨道。1999年11月H－2火箭再次发射失败，损失了一颗多功能运输卫星（MTSAT）。2003年11月，H－2A火箭发射两颗间谍卫星又告失败。H－2型火箭连续发射失败，不仅造成重大经济损失，更重要的是毁损了日本在商业卫星发射市场中的声誉。美国休斯公司和劳拉空间系统公司先后中止了与日本的卫星发射合同。其间虽然H－2A火箭有两次连续发射成功，但显然没有消除世界对日本航天业的信任危机。

"神舟五号"的成功使中国成为世界上第三个有能力做载人航天飞行的国家，日本为此深受震动，社会各界纷纷指责日本航天事业种种不足。2005年2月，搭载多用途卫星的H2A火箭发射成功，受到日本媒体的热烈追捧。

2007年9月，日本政府综合科学技术会议研究了日本20年至30年后实现独自载人航天飞行的可能性，日本宇宙航空研究开发机构出台的长期计划使这一方针更加具体化。

根据计划，日本预定2006年发射探月卫星，以探月卫星有

关数据为基础，确保在利用月球资源方面优势的同时，积累宇宙空间站经验，确立日本自己的载人航天技术。于 2008 年进行宇宙空间站转移飞行器（HTV）的实验飞行。2015 年，在提高用 H2A 火箭发射转移飞行器可靠性的同时，完成转移飞行器密封舱回收技术，为转移飞行器安装机翼。接下来的 10 年，制成像俄罗斯"联盟号"一样一次性飞行的载人宇宙飞船，进而着手开发多次使用型载人航天飞机。预定到 2025 年，日本建成可供人停留的国际月球基地。同时，日本将距离地球 150 万千米以外的太空定位为"深太空港"，并预计在那里安装光学望远镜和 X 射线望远镜以为人类探测木星和土星提供方便。此外，日本的太空开发计划还包括建立卫星灾难警报系统，使用卫星将海啸等灾难的信息直接发送给手机用户，使用户能够知道灾情，了解疏散路径，也能帮助救援人员锁定受灾人员位置。

为了获得具有国际竞争力的航空技术，日本计划开发以氢为燃料的极超音速飞机，把从东京到洛杉矶的飞行时间缩短到 2 小时，30 年后投入实际飞行。到 2025 年实现极超音速飞机的无人飞行。为实现长期计划所需要的经费，前 10 年每年预定为 2500 亿日元至 2800 亿日元，现在该机构的每年政府预算为 1800 亿日元。

世界各国航天计划与太空实验

"月球－A" 计划

日本"月球－A"探月计划早在 1991 年度就已启动，其主要内容是在 1995 年度发射月球探测器"月球－A"。这一探测器计划携带两个穿透式着陆器，并在接近月球后将它们发射，用以探查月球内部构造、组成和热状态等。虽然探测器在 1996 年度就已开发成功，但着陆器的技术难关一直难以攻破。经过 6 次延期，着陆器的研发难题终被解决，然而在仓库中沉睡 10 多年的探测器已严重老化而无法发射。

受着陆器开发滞后的影响，日本宇宙航空研究开发机构近日被迫取消了已持续 10 多年的"月球－A"探月计划。该机构正打算总结这次失败的教训，以指导今后的工作。

宇宙航空研究开发机构宣传部人员在接受采访时证实，该机构已向文部科学省宇宙开发委员会报告了放弃"月球－A"计划的意向，但委员会还要经过讨论和评估才能决定是否正式放弃这项计划。宇宙航空研究开发机构也讨论过修理或重新打造探测器，但最终还是因为费用过高而决定放弃。

"隼鸟号"小行星探测器

2003 年 5 月，日本"隼鸟号"小行星探测器发射升空。2005 年 11 月，探测器在丝川小行星上着陆，并采集到小行星地表的岩石样本。然而仅仅一个月后，"隼鸟号"就由于燃料泄漏等原因，无法保持正确的空中姿态，与地面失去了联络。2006 年 3 月初，探测器与地面的通信状况逐步改善，但它的太阳能电池所能提供的电力又急剧下降，搭载的锂离子电池组也用尽了电能，日本该项目负责人就此表示，"隼鸟号"成功回家的前景不容乐观。

"月亮女神"卫星

2007 年 9 月 14 日，日本耗资 2.72 亿美元的"月亮女神号"探月卫星发射。该探月计划着眼于在月球轨道上发射一颗

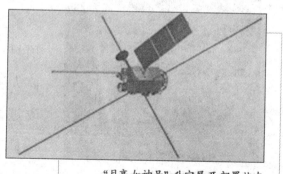

"月亮女神号"升空展开部署状态

主卫星和两颗小型姐妹卫星，对月球进行全方位探测。这是近 40 年来自美国"阿波罗号"之后全球规模最大的探月任务。据称，"月亮女神号"装载了 14 种精密科学仪器，主要研究月球的进化

和起源，分析月球表面矿物质成分和地质结构，观测月球的电磁场和重力场。通过此次勘测，帮助科学家更进一步认识月球，便于日后有人或无人太空探月任务的深入展开。

H - 2A 运载火箭

2003 年 11 月 29 日，日本曾利用 H - 2A 运载火箭 6 号机发射一颗多功能卫星，发射上天约在 10 分钟后，火箭在距离地球轨道 422 千米的高度时突然发生了故障。地面控制中心只好忍痛令它自毁。2005 年 2 月发射的 H2A 火箭 7 号机吸取了 6 号机失败的教训，对火箭整体 786 个设计、制造项目进行了全面检查，对固体火箭助推器等进行了 77 项改进，费用也上涨到了 120 亿日元，加上卫星的价值，共达 283 亿日元。但日本政府这次并没有为如此昂贵的

1月24日，H-2A运载火箭7号机完成MTSAT-1R卫星的最后组装

火箭和卫星购买损害保险，据称是因为多次的发射失败，尤其是 6 号机的失败造成"箭毁星亡"导致了保险费用急剧上升，政府

不堪重负。因此，这次火箭发射可谓背水一战，只能成功不能失败，否则，不但研究开发机构将面临生存危机，而且日本的火箭事业也将陷入更加窘迫的状态。

载有MTSAT-1R卫星的H-2A运载火箭7号机到达种子岛基地

借助这次火箭发射的成功，日本希望能够重新进入久违的商业卫星国际市场。日本航空宇宙工业会常务理事田中俊二强调，"关键是要不断获得成功的发射实绩"，只有取得了较高的发射成功率，才能赢得国际市场的信赖。日本宇宙开发委员会主席井口雅一也称，如果这次发射后能够再连续成功 13 次，日本的火箭发射成功率就可达到95%，从而才能证明日本火箭技术达到了世界发达水平。

日本H-2A火箭发射升空现场

成功发射了火箭后，日本宇宙航空研究开发机构正雄心勃勃地制定航天发展长期计划，其中包括开发载人航天飞行和建立月球研究基地。

2030 年月球建基地

2006 年，在东京召开的一个国际会议上，日本宇宙航空研究开发机构提出于 2030 年在月球建立一个驻人基地计划。按照计划，日本将在 5 年内要研制出能够在月球进行探险的机器人；10 年内，开发出能够使人类在月球长期停留的一整套技术；20 年内，开始在月球上建造进行科学研究的基地。具体安排是先向月球轨道发射卫星和无人驾驶的宇宙飞船，然后于 2020 年左右派遣宇航员登月，并开始建设月球基地，预计于 2030 年完工。此外，日本还将开发太阳能发电卫星为月球基地提供能源。

从技术上看，这一计划应该能够在数十年后实现。但是，日本宇宙航空研究开发机构发言人黑川里木（音译）称这一计划的可行性还不明朗，还需要获得日本政府和民众的理解。

"希望号" 轨道实验舱

"希望号" 实验舱是日本建造的第一个空间轨道载人设施。

1985 年，日本于决定参加美国提出的国际空间站计划。日本科研人员一边学习美国宇航局的安全标准，一边尝试建造日本自己的实验舱——"希望号"。

建造完毕后，"希望号" 实验舱最多能容纳 4 人，主体部分长

11.2米，重15.9吨，带有远程控制机械手臂，有可能将成为国际空间站最大的实验舱。届时，"希望号"实验舱将拥有流体物理实验装置、溶液和蛋白质结晶生成装置、细胞培养装置、X射线监视装置等约20种实验设备。科学家可以利用微重力、宇宙辐射、丰富的太阳能等宇宙空间的特殊条件，进行各种科学研究。

"希望号"实验舱示意图之一

"希望号"实验舱的整个项目耗资约24亿美元。除了舱段建设费时费力外，实验设备的研制也需要时间，因此"希望号"升空让日本人等了很长时间。

随着冷战的结束，俄罗斯也于1998年加入国际空间站计划，国际空间站的轨道因而有所调整。"希望号"实验舱不得不从原计划的分2次升空改成分3次升空。

"希望号"实验舱示意图之二

2003年，美国"哥伦比亚号"航天飞机失事，美国停飞了所有航天飞机，"希望号"升空计划也被迫延期。2004年，美国决定于2010年前完成国际空间站建设，并让现役3架航天飞机

世界各国航天计划与太空实验

到 2010 年全部退役。日本媒体认为，若再有闪失，"希望号"实验舱和国际空间站的建设能否如期完成将成未知数。

2008 年 3 月 11 日，"希望号"实验舱重 4.2 吨，长 3.9 米的首批部件，搭乘美国"奋进号"航天飞机进入太空。2008 年 5 月，"希望号"实验舱的舱内实验室等部件随美国"发现号"航天飞机进入太空升空。而最后一部分登上空间站恐怕要等到 2009 年 3 月。

美国"奋进号"航天飞机搭载日本"希望号"实验舱部件升空

日本宇宙航空研究开发机构

日本宇宙航空研究开发机构（Japan Aerospace Exploration Agency，JAEA），隶属于文部科学省，是负责日本航空太空开发政策的独立行政机构。2003 年 10 月 1 日由文部科学省宇宙科学研究所、航空宇宙技术研究所、宇宙开发事业团统合而成。

此前，宇宙科学研究所的责任是宇宙与行星的研究。同时，航空宇宙技术研究所集中在航空研究。1969 年 10 月 1 日建立的宇宙开发事业团曾经开发过火箭和卫星，也制作了国际空间站的日本实验舱，还训练过宇航员参与美国的航天飞机计划。合并

后，宇宙开发事业团的总局改为了后来的种子岛宇宙中心。

合并后的宇宙航空研究开发机构致力于五方面的工作：研制最先进的对地观测技术，以应对环境问题和突发灾害；保护民众生命安全，使民众生活更加方便舒适；使日本具有独立的全球侦察能力和空间探测能力，通过发射各种观测频段的空间望远镜，帮助日本成为"世界之脑"；要拥有真正的空间运输能力，总结 H-2A 和 M-V 火箭的经验教训，研制可靠的运载工具；在日本民众当中开展航天科学普及工作。其他任务包括探测小行星和未来可能的登月工程。该机构还与石川岛播磨重工业、洛克西德·马丁等企业合作研制 GX 火箭。GX 火箭将是世界上第一枚用液化天然气的火箭。

世界各国航天计划与太空实验

印度，积极发展载人航天

自上世纪 60 年代启动空间研究计划以来，印度一直努力在航天领域争得一席之地，在发展载人航天技术方面，可谓不遗余力。

首先，印度一直非常重视培养航天员。在 2003 年，印度曾把一名航天员送上哥伦比亚航天飞机，但不幸的是，哥伦比亚航天飞机发生爆炸，这名航天员也随之丧生。后来，印度又把 2 名航天员送到美国学习。

其次，印度制定了雄心勃勃的登月计划。2001 年，印度向外界透露，其登月计划将分为三个阶段进行，首先向月球发射探测装置，然后发射登月机器人，最终帮助印度宇航员登月。2003 年 9 月，印度政府批准了在 2008 年前向月球发射无人飞船的计划，这标志着印度探月工程已经启动。

印度已经拥有了低温火箭技术，这是实现载人航天的关键技术之一。因此有人认为，印度甚至可能会在日本之前实现载人航天。

雄心勃勃的登月计划

印度空间研究组织 2003 年曾经宣布了一项雄心勃勃的载人登月计划，批准耗资 8300 万美元的无人探月计划，计划于 2008 年向月球发射登月探测器，并在 2015 年前向月球送去宇航员。

在印度空间研究组织 2006 年年底召开的一次会议上，印度约 80 名顶级科学家投票，一致支持印度加速载人航天研发计划：2014 年实施载人航天，2020 年实现登月梦想。这两项计划将完全由印度自主完成，印度全国最好的实验室和研发机构都将参与这些计划。初步估算，印度实施首次载人航天飞行需要资金约 22 亿美元。

印度宣称，当其他大多数国家的月球计划都处于纸上谈兵阶段时，印度的探月计划"月船 1 号"已经正式起步，计划在 2007 年到 2008 年间向月球发射轨道探测器，围绕月球两极而不是赤道运行，给月球拍照、绘制地图和探测矿产资源。这艘登月飞船将重 590 千克，携带重 20 千克的"冲击者"登月舱。一旦"月船 1 号"发射成功，印度很可能将在 2015 年前进行更多的登月活动。

为此，印度空间研究组织于 2007 年开始试验发射并回收相关的航天器。一个重约 600 千克的无人航天器将由运载火箭送入近地空间，尔后环绕地球一周，该航天器的返回舱将最终落入孟

加拉湾。2008 年进行第二次试射。

　　根据计划，印度载人航天器将重达 3 吨，可载 2 名宇航员，由 Mark － 2 地球同步卫星运载火箭发射。载人航天器在升空 16 分钟后与火箭分离，后进入距地球 400 千米的环地球轨道，其初次飞行时间可能是 1 天，之后将延长到 1 周，而登月之旅可能需要 15 天或 1 个月。

"一箭十星"展现太空实力

　　2008 年 4 月 28 日上午 9 时 23 分，印度南部斯里赫里戈达卫星发射基地，一枚携带 10 颗卫星的极地卫星运载火箭点火升空。火箭呼啸着向上升腾，在晴朗的天空中留下一道浓浓的橘黄色和白色相交的烟雾。

　　这是印度第十三次使用自行研制的极地卫星运载火箭发射卫星。这种火箭有 4 级，12 层楼房高，重 230 吨，性能优良，是印度最可靠的空间发射器。此次发射目标是两颗印度卫星和八颗外国卫星。

　　两颗印度研制的卫星分别是名为 Cartosat － 2A 的全天候遥感绘图卫星和名为 IMS － 1 的微型遥感摄像卫星。前者重 690 千克，可以在距离地面 630 千米的高空清楚地拍摄地面不足 1 米的物体，主要用于城市规划和农村发展项目，同时也可用于情报搜集工作。后者重 83 千克，携带两个高分辨率的摄像机，该卫星主

要用来试验卫星小型化技术。另外 8 颗由加拿大、德国等国研制的卫星为 3 千克至 16 千克，加起来重量约为 50 千克。在此大约一年前，俄罗斯用一枚火箭发射了 8 颗卫星，创下当时一次发射卫星数量最多的纪录。

这次"一箭十星"成功发射，标志着印度空间技术达到世界先进水平，是印度空间研究组织成长历程中的一个重要里程碑。而印度空间研究组织只有短短 35 年的历史，在世界空间研究组织中只能算是一个"小字辈"。

有专家称，从技术上说，一枚运载火箭发射多种不同轨道的卫星是比较复杂的，不容易掌握，因此一箭多星的发射成功，标志着运载火箭能力的提高，也标志着发射技术和火箭与卫星分离技术上的新突

印度利用自行研制的极地卫星
运载火箭发射卫星

破。不过此次印度发射的卫星多为"迷你型"，发射这些卫星的难度系数明显小于发射那些体积庞大的卫星。因此，这次发射还不足以充分说明，印度的空间技术有了突破性进展。

"月船1号"绕月探测器

"月船1号"是印度首颗绕月探测器，总质量为1380千克，载有11台来自印度和欧美国家的科研探测仪器，造价约8300万美元。

2008年10月22日发射升空的印度"月船1号"绕月探测器

2008年10月22日，"月船1号"由一枚极地卫星运载火箭从斯里赫里戈达岛的萨蒂什·达万航天中心发射升空。"月船1号"将在2年的绕月飞行期间对月球表面进行矿物及地形勘测。11月8日，"月船1号"进入绕月飞行轨道。按照计划，11月14日或15日，"月船1号"释放一颗探测器，以撞击月球表面。

印度空间研究组织说，"月船1号"从现在起将在距月球最近504千米、最远7502千米的椭圆形绕月飞行轨道中飞行，"月船1号"绕月一周的时间大概为11小时。

"月船1号"进入绕月飞行轨道标志着印度成为世界上继美、俄、中、日之后第五个迈进"月球俱乐部的国家"。这一成就在

印度的太空探索史上写下了浓墨重彩的一笔。

"月船2号" 登月探测器

根据印度的登月计划，发射绕月飞行器是第一步，最终目标是将宇航员送上月球。

印度空间研究组织正联手俄罗斯，加紧研制"月船2号"月球探测器，计划在2011年向月球发射"月船2号"月球探测器，并使一个登月机器人在月球表面实现软着陆。该机构还计划于2025年实现印度宇航员登月。

现代登月图

"月船2号"的理论研究工作早已结束，但完成相关科学实验大概还需要半年时间，有关工作正在加紧进行中。

"月船2号"将由三个部分组成，包括绕月轨道飞行器、月球降落舱和登月机器人。其中月球降落舱将由俄罗斯航天机构提

供，登月机器人则由印俄双方联合研制，"月船2号"上许多科学仪器都由印度独立研制。"月船2号"的使命是通过登月机器人对月球进行多项科学研究，从而为印度宇航员的最终登月提供参考信息。

印度还计划2011年后把一辆月球车送达月球表面。根据与俄罗斯2007年签署的协议，月球车将由俄罗斯制造。

2012年探测火星

尽管载人航天和登月仍在计划中，印度人却又瞄准了太空探测的下一个目标：火星。印度空间研究组织准备在2012年至2013年间发射一个火星无人探测器。

印度空间研究组织主席马达范·奈尔在接受采访时说："火星探测已经进入我们的视野。地球同步卫星运载火箭将把探测器送往火星……尽管距离遥远，我们对火星仍有着浓厚的兴趣。"

奈尔说，印度计划发射的火星探测器重约500千克，上面配有高分辨率远程传感解析装置。预计整个探测过程将持续6个月至8个月，耗资30亿卢比（约合6700万美元）。

不过，奈尔也承认，凭借印度目前的空间技术要实现火星探测还有一定困难，首先要克服的困难就是对新型运载工具的开发和改进。

印度空间研究组织

印度空间研究组织（Indian Space Research Organisation，缩写为 ISRO）是印度的国家航天机构，创建于 1972 年，总部位于班加罗尔。该组织总共雇佣了约两万名员工，主要从事与航天和空间科学有关的研究。

ISRO 用于发射航天器的主力运载火箭是极轨卫星运载火箭（PSLV）和地球同步卫星运载火箭（GSLV，用于地球同步卫星的发射）。ISRO 在国际市场上也提供商业发射服务。

随着印度航天事业的蓬勃发展，ISRO 获得的预算不断增加。印度的航天预算在某些年份已经超过了传统航天大国俄罗斯。2006 年，该组织获得的财政拨款大约为 8.15 亿美元。

印度GSLV运载火箭

ISRO 的主要航天发射场是位于斯里赫里戈达岛的萨迪什·达万航天中心。2008 年 10 月 22 日，ISRO 在斯里赫里戈达岛萨迪什·达万航天中心用一枚极地卫星运载火箭将印度首个月球探测器"月船 1 号"发射升空。

其他国家的探空活动

　　21 世纪太空领域的国际博弈已经展开，美、俄、欧、中、日等航天大国不会停止在太空跑马圈地的步伐，印度、韩国、巴西、加拿大、伊朗等后起的航天国家也在积极布局、步步紧逼。

韩国的太空计划

　　看着东亚和南亚诸国都在航天事业上迈大脚步，经济发达的韩国自然也不甘落后。为了缩短与亚洲航天国家的距离，韩国科技部在 2004 年 10 月宣布，该国将在俄罗斯有关方面的帮助下，于 2005 年挑选两名宇航员前往俄罗斯接受为期 18 个月的培训，并于三年后的 2007 年前往太空，进驻国际空间站并在那里停留 10 天，进行各种实验。两名韩国宇航员的太空之旅将花费 2273 万美元。

　　根据韩国与俄罗斯双方签署的协议，俄罗斯还将为韩国太空计划提供帮助，主要帮助韩国发射卫星。而韩国本国也在加强自身航天素质，韩国科技部官员 2008 年 9 月宣称，此后十年韩国将投巨资发展航天事业，力争跻身世界航天大国"十强"。从

2006 年至 2010 年，韩国计划投资 1.3958 万亿韩元，用于开发卫星、研发运载工具、建立航天中心、进行航天技术开发和开展国际合作等航天项目。

2007 年 11 月 20 日，韩国科技部又公布了一项大胆的计划，称将在 2020 年前发射一个月球轨道器，5 年后再把一个探测器送上月面，由此加入亚洲的航天竞赛。韩国是在中国发射其首个月球轨道器 1 个月和日本发射其探月器 2 个月后公布这项计划的。这项计划要求该国在 10 年内用 3.6 万亿韩元（39 亿美元）研制出 300 吨重的国产火箭。

韩国还计划每 3~4 年发射一颗重约 100 千克的"大卫星"，并每年发射至少两颗较小的卫星。该国位于朝鲜半岛南端的罗老航天中心定于 2008 年投入使用，是韩首座卫星发射场。此外，韩首位宇航员李素妍定于 2008 年 4 月乘俄罗斯"联盟号"飞船升空，将在国际空间站上停留长达 8 天。在过去 10 年里，韩国在航天计划上的投资约为 18 亿美元。

巴西的空间计划

巴西曾是许多国际性空间组织的最早成员国之一。1961 年，巴西成立国家空间活动委员会的政府组织，后又在航空部内建立航空空间技术中心，中心下设空间活动研究所，负责研制人造卫星。巴西空间活动研究所已研制成功 4 种探空火箭。1984 年 11

月试验成功的"探4"探空火箭达到700多千米的高度。它是二级固体火箭，由巴西自行研制，以"探4"火箭为基础将组成巴西第一种人造卫星运载火箭。1971年建立负责空间技术研究的空间研究所，主要从事空间及大气科学、航天技术和空间应用等方面的研究。

利用外国应用卫星是巴西空间计划的一个重要方面。巴西为此投入许多资金进行基础性建设。巴西利用外国应用卫星主要是在教育（播送教学节目）、气象观测、矿藏和海洋勘测以及国内通信4个方面。

巴西VLS系列小型卫星运载火箭

2003年8月23日，巴西一枚运载火箭在发射台上爆炸，造成21名专家死亡。这是该国在卫星发射尝试方面的第三次失败。这枚火箭是巴西航空航天技术中心自行研制的第三枚VLS系列小型卫星运载火箭，原计划将巴西国家空间研究院研制的一颗卫星和巴拉那北方大学研制的一颗纳米卫星送入太空，但还没上天就发生爆炸，造成星箭俱毁、21名科技人员死亡的悲剧。经费不足是巴西航天屡战屡败的主要原因。

2005 年，巴西政府制定了一项雄心勃勃的航天计划，准备在今后 17 年中研制一批新型运载火箭。巴航天界人士介绍说，新型火箭的运载能力将达到之前的 30 倍，能够将更重的载荷送入轨道。从 2009 年起到 2022 年，巴西将使用新研制的 VLS 火箭家族进行一系列发射活动。

在首枚 VLS 系列火箭投入使用前，巴西航天局计划在 2007 年先行发射一枚经过改进的 VLS1 Upgrade 型运载火箭。在其后几年中，巴西政府投入 7 亿美元研制 VLS 家族的五位成员，它们的型号分别为：VLS "阿尔法"、VLS "贝塔"、VLS "伽玛"、VLS "德尔塔" 和 VLS "埃普西隆"。

VLS 系列火箭将使用液体燃料发动机，而非 VLS1 所配备的固体燃料发动机。这一改进有助于降低火箭的质量并增加其运载能力。同时，在俄罗斯专家的帮助下，巴西的 VLS1 Upgrade 型火箭也将装备两台液体发动机。较之固体燃料，使用液体燃料的火箭能够将相同质量的载荷发射到更高的轨道，并且还可降低发射时出现事故的风险。

2008 年 6 月，中国和巴西合作的地球资源卫星项目委员会第五次会议举行，双方签署会议纪要，强调合作的连续性和对等、开放原则，就进一步开展合作、共同研制地球 "资源 5 号" 和 "资源 6 号" 卫星达成一致。

同年 11 月，巴西国家空间研究院宣布，巴西正在开发新一代微型遥感人造卫星，拟开发一个由 8 颗资料搜集卫星组成的网

世
界
各
国
航
天
计
划
与
太
空
实
验

络，第一颗将于 2013 年研制成功。具体设想是每两年发射一颗新卫星，以保持网络体系资料搜集卫星 SCD 系列的连续性及对整个巴西的最佳覆盖。此外，计划还包括研制巴西自主技术的接收器、发射器和资料收集站。

加拿大的空间探索

2002 年 11 月 13 日，加拿大航天局（CSA）宣布授予数个加拿大航天公司 6 个总值 93 万美元的合同，开发普通的小型卫星和微型卫星运载火箭，以满足加拿大航天计划的未来需求。

该合同标志着 CSA 启动了小型和微型卫星计划，从中也可以看出加拿大未来十年卫星任务的发展。为了降低费用，该计划包括开发一种卫星平台以执行科学和技术论证任务。

这些具备领先优势的加拿大航天公司将开发并提高加拿大小型和微型卫星运载火箭的设计和综合性能。他们还将提高未来卫星任务的科技含量，推动国有和私有部门的合作和联合，从而促进加拿大知识经济的发展。

2006 年 3 月，加拿大航天局宣布将对纯加拿大火星探测器的可行性进行研究。并称，将授出为期 6 个月、价值 25 万美元着陆或绕轨的火星探测技术研发合同。

加拿大航天局负责人称，美国的返月计划致使其减少火星计划资金——而这正好给了加拿大一个机会。但是，如果没有资

金，这一计划也不能真正实行，因而加拿大努力寻求可能的合作伙伴。虽然很难确定所需资金的数额，但加拿大航天局正在进行将耗资上亿美元的研究项目。虽然加拿大没有火箭或发射台，但它可以付费给其他国家发射自己的火星探测器。但探测器必须是完全由加拿大研发的。

加拿大正与世界各地的航天局联系，包括欧洲、日本和印度，他们都是可能的合作伙伴。

伊朗的太空计划

伊朗是世界上第 43 个拥有卫星的国家，但伊朗政府的目标更为远大。伊朗航天部门主管塔拉扎德说："我们必须制造自己的卫星和火箭。我们需要成为掌握空间技术的前 8 位国家之一。"

2005 年 10 月，伊朗借助俄罗斯火箭发射了第一颗小型卫星"西娜"。2007 年 2 月，伊朗发射了一枚能够进入太空的火箭，并进行了利用降落伞重返地球的试验。2008 年 2 月 4 日，伊朗启动了该国首个航天与卫星中心，并试射了一枚用于发射卫星的火箭。同年 11 月 26 日，伊朗发射了"探索者"－2 火箭，火箭由运载器、太空实验室和回收系统组成。2008 年 8 月，伊朗航天组织披露了伊朗航天计划，拟十年内实行载人航天飞行。这是伊朗十年航天发展计划一个主要项目，伊朗将在 6 个月至 1 年的时间里，确定实行载人航天发行的具体时间。发展航天技术已成为伊

朗伊斯兰共和国基本战略之一。在其制定的 20 年太空发展计划中，伊朗打算在航空航天领域成为西亚地区的技术强国。

2008年2月，伊朗火箭升空的电视照片

2008 年 2 月 3 日，伊朗通过"使者 2 号"火箭成功发射了首颗自制的卫星——"希望号"科研卫星。"希望号"科研卫星重量只有 27 千克，每 24 小时环绕地球 15 圈，携带遥感、遥测、数据处理、卫星控制和远程通信等系统，主要用于收集数据和测试设备。卫星将在绕轨道运行 1 至 3 个月后返回地面，所得数据将服务于伊朗未来发射长期运行的卫星。这是伊朗首次发射入轨卫星，其轨道在北纬 55 度上空，从整个美国本土均能看到。

使用自制火箭将自制卫星发射升空，标志着伊朗已经加入了世界"航天俱乐部"，即其他八个能够利用自主研发技术将航天器送入轨道的国家行列，包括俄罗斯、美国、法国、日本、中国、英国、印度、以色列。伊朗航天组织计划在 2010 年前发射大约 5 颗卫星。

此外，伊朗已经完成载人航天计划的初步评估和可行性研究，并且启动了为期 12 年的载人航天计划，预计在 2021 年前把伊朗首名宇航员送入太空。

结束语　竞争，离不开合作

　　迈出摇篮，是人类共同的事业，世界各国在航天事业中相互竞争，各国的航天计划在指向外太空的同时，同时也在瞄准对方。美欧对国际航天合作日趋保守和谨慎：美国拒绝欧洲和日本等盟友参与重返月球、登陆火星的太空探索计划；欧盟的航天合作政策也有所转变。国际间的合作也存在着诸多障碍，如国家荣誉、国家利益，对技术转移的关切等。由多国参与的大型的国际航天合作可能减少，一些涉及国家安全和国家利益的重大航天工程（如导航卫星）很难进行真正意义上的国际合作，竞争的硝烟仍然会蔓延。

　　尽管如此，却并不能阻断科学家们对人类共同事业的关注，航天事业的进步依然在继续，新发现和新成果层出不穷。毕竟，人类在航天事业上取得的累累成果，已经远远超出了地球这个范畴，正向着整个宇宙延伸。浩瀚宇宙的神秘面纱，也将被人类的智慧一点点地揭开。2007 年，借助数台太空望远镜，天文学家首次在银河系中全景式地观测到了 1000 多个超大质量的黑洞，发现了迄今质量最大的一个小型黑洞，绘制了反映宇宙中暗物质分

布的大型三维图，新探测到了星系团中呈环状分布的暗物质。2008 年 11 月，美国哈勃太空望远镜首次直接拍到一颗太阳系外行星的照片，照片显示，这颗行星正围绕距地球 25 光年的"北落师门"恒星运行，这是人类首次用照片证实太阳系外行星绕恒星运行。

"北落师门"恒星（右上）

　　任何一个国家也不可能在没有任何外力的帮助下"闭门造车"，它们就像矛盾的统一体，既彼此联系，又各自保持着独立，竞争虽然激烈，但是合作也在继续。如国际空间站是美俄两大战略竞争对手在冷战结束后由争霸走向合作的产物。这项工程由美俄主导，联合欧洲、日本、加拿大和巴西等 16 个伙伴国参加，历时 20 年，耗资上千亿美元。目前工程仍有一半组装任务尚未完成，同时也面临诸多矛盾与问题。参与合作的各伙伴国美、俄、欧、日等主要国家都承诺会把这项工程进行到底，同时也都

在总结各自在载人航天国际合作中的得失与经验教训，调整未来的国际合作模式与策略。俄罗斯由于经费短缺但技术上仍有实力，可能更乐于寻求国际合作来实现自己无法完成的重大航天目标。欧洲、日本、印度和中国可能转向俄罗斯，开展双边或多边的以探索月球或火星为主的短期阶段性合作。

2006 年，欧洲航天局成员国政府同意与俄罗斯开展为期 2 年的新一代先进乘员运输系统（ACTS）的联合设计工作。ACTS 飞

2008年11月16日，美国"奋进号"航天飞机指令长克里斯托弗·弗格森（中）在进入国际空间站后，与国际空间站站长迈克·芬克（右）拥抱

船将用于国际空间站、未来的载人登月或其他任务。2007 年 3 月26 日，中俄共同签署《中国国家航天局和俄罗斯联邦航天局关于联合探测火星－火卫一合作的协议》，确定双方于 2009 年联合对火星及其卫星"火卫一"进行探测。俄罗斯航天署与西班牙工

业技术发展中心在 2007 年 3 月共同签署了在建造世界空间观测站（电磁波谱紫外线区、段）的框架下合作开展对天体物理学研究的协议。而带有强烈商业或政治外交色彩的多边和双边航天合作在未来会更加的频繁，如 60 多个国家参加的国际地球观测集团（GEO），各种小型、单项国际合作等。

竞争不可避免，有利益就会有竞争。在竞争的压力下，世界各国也在各显神通，增加投入，大力培养高科技人才，开展多领域探索和研究，以求得更突出的航天成就。竞争的同时，合作也在持续，合作也是科学研究过程的必然趋势。只有通过合作的方式，将人类优秀的成果整合起来，才会取得更多的成果和更大的发现。对未知领域的探索，是人类社会发展进步的不懈追求，而维护世界和平，是全人类的共同愿望。积极参与国际空间合作，实现深空探测新突破，最终的目的也正是为了促进人类的科技进步，推动人类的和平与发展。